DISCOVERY

惊叹创新的科技

张康 编著

浙江科学技术出版社

图书在版编目(CIP)数据

惊叹创新的科技/张康编著. --杭州:浙江科学技术出版社，2023.4

ISBN 978-7-5739-0582-6

Ⅰ. ①惊… Ⅱ. ①张… Ⅲ. ①科学技术—少儿读物 Ⅳ. ①N49

中国国家版本馆CIP数据核字(2023)第054156号

惊叹创新的科技

编　著	张 康	**印　刷**	杭州高腾印务有限公司
出版发行	**浙江科学技术出版社**	**开　本**	710x1000 1/16
	杭州市体育场路347号	**印　张**	10
	邮 编：310006	**字　数**	150 000
	办公室电话：0571-85176593	**版　次**	2023年4月第1版
	销售部电话：0571-85062597 85058048	**印　次**	2023年4月第1次印刷
	网 址：zjkxjscbs.tmall.com	**书　号**	ISBN 978-7-5739-0582-6
	E-mail：zkpress@zkpress.com	**定　价**	29.80元
设计排版	大米原创		

责任编辑　刘　燕　　**责任校对**　赵　艳

责任美编　金　晖　　**责任印务**　叶文炀

目录 Contents

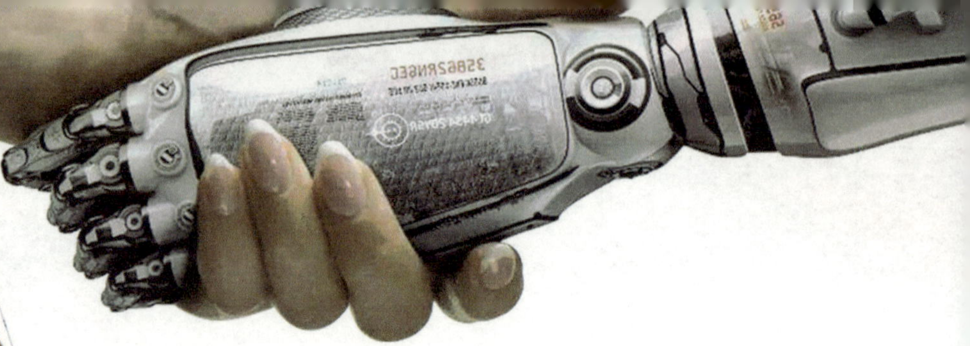

科学探索之旅即将开启，

祝你度过一段

惊奇又刺激的阅读时光……

量子计算机：学会了“分身术”

量子计算机是以量子力学为原理，遵循量子力学规律进行高速数学和逻辑运算、存储及处理量子信息的物理装置。

◎什么是量子

“量子”一词的英文名称来自拉丁单词“quantum”，意思是“有多少”。物理学界引入这个词，用来指不可分割的基本个体，比如构成物质的原子、分子，构成光的光子等。

◎年轻的量子力学

我们在中学物理课上学的物理知识，准确的叫法是“经典物理学”。经典物理学是伽利略和牛顿等科学家在17世纪建立的，它研究的对象是肉眼能够看到的“宏观世界”。到了19世纪，科学家们开始观测粒子层面的运动，发现经典物理学在“微观世界”不再适用，于是科学家们在20世纪初期创建了“量子力学”，来描述粒子的性质。

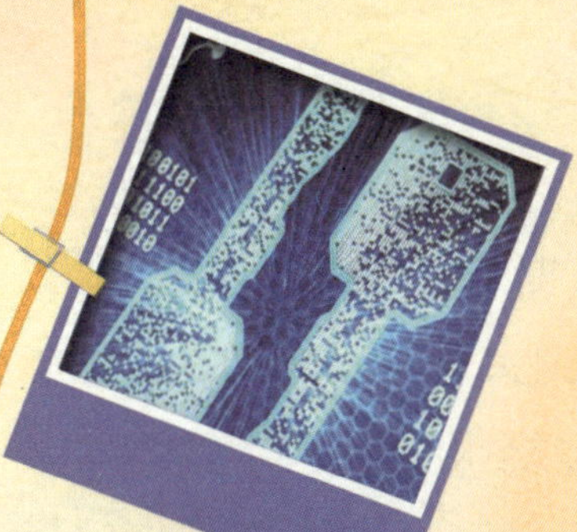

◎匪夷所思的量子世界

叠加态：宏观世界的一切事物，在某个时刻的状态都是确定的。比如，正在学校上课的人不会出现在其他地方。但是微观世界的粒子，如果不去观测，就无法得知其所处的状态。每一个状态都是粒子的“量子态”，物理学家们用“叠加态”这个概念来表述粒子的状态，也就是说，这个粒子同时拥有所有可能的状态。

随机性：一辆从杭州开往上海的列车启动了，我们可以准确预测它两个小时之后的状态——它将抵达上海站。但对于粒子的状态，我们无法做出如此精准的预测，只能得知它未来的所有可能，并给出每种可能的概率。

量子纠缠：在由多个粒子组成的系统中，粒子之间可以相互影响。即便两个粒子相隔万里，只要它们还在一个系统内，改变其中一个粒子的状态，另外一个粒子的状态也会发生相应的改变。

◎量子通信

1993年，查尔斯·亨利·贝内特和他的团队提出一种实验方案：利用量子纠缠现象，把一个粒子的信息瞬间复制到另一个粒子上。这样传递信息，几乎没有泄密的可能。平时新闻上屡屡报道信息泄露的问题，就是因为人们使用的密码不管如何复杂，都可以通过计算机来破解。现在，利用粒子来传递信息，由于量子的随机性，所以无法复制，而且任何的监听行为都会破坏信息本身，足以保证信息的绝对安全。

◎量子计算机

传统计算机使用0和1作为最基本的信息单位，假如说现在有两个信息单位，那么就有00、01、10、11四种情况，在传统计算机中只能占据其中一种可能性，但是在量子计算机中，由于量子的叠加态，这两个信息单位可以同时表示四种信息。

量子计算机的概念是由著名的物理学家理查德·费曼提出的。为了让普通人能够理解这个概念，费曼先生曾经用一个情境生动地进行了描述：这里是美国国会图书馆，这里有5000万册藏书，其中一本书的某页被画了一个大大的“X”，你需要在5分钟之内找到这本书。对于人类来说，这是一项不可能完成的任务，因为你需要一本书一本书地翻阅。但是，如果你有分身术，瞬间复制出5000万个你，那么你绝对可以在5分钟内完成。前者是传统计算机的工作方式，后者就是量子计算机的工作方式。

◎指日可待

2017年5月，中国科技大学研究团队构建了世界首台超越早期经典计算机的单光子量子计算机。2018年12月，首款国产量子计算机控制系统Oringina Quantum AIO在合肥诞生。2020年，中国科学技术大学潘建伟、陆朝阳等组成的研究团队与中国科学院上海微系统所、国家并行计算机工程技术研究中心合作，构建出76个光子100个模式的高斯玻色取样量子计算原型机“九章”，实现了“高斯玻色取样”任务的快速求解。此后，潘建伟教授又与中国科学院上海微系统与信息技术研究院等多方进行合作，成功打造出量子计算原型机“九章二号”。其高斯玻色取样任务快速求解速度再次刷新了国际光量子操纵的技术水平。除“九章”和“九章二号”之外，2021年，潘建伟、朱晓波、彭承志等组成的研究团队与中国科学院上海技术物理研究所合作，构建了66比特可编程超导量子计算原型机“祖冲之二号”，实现了对“量子随机线路取样”任务的快速求解。“祖冲之二号”的求解速度比全球最快的超级计算机快1000万倍以上，计算复杂度比谷歌的“悬铃木”提高了6个数量级。

业界认为，量子计算将在新药开发、人工智能发展、破解加密算法、石油勘探等领域有很好的应用前景，并可揭示高温超导、量子霍尔效应等复杂物理机制，为先进材料制造和新能源开发等奠定科学基础。

人工智能：挑战人的权威

人工智能（Artificial Intelligence，缩写AI）探究人类智能的本质，并希望制造出具有人类智能的计算机和机器人。

◎达特茅斯会议

从古埃及开始，人们就希望制造出像人类一样智能的机器，帮助人们工作。计算机发明之后，赋予机器人类的智能就不再是幻想了。

1950年，英国数学家、逻辑学家艾伦·图灵发表了一篇论文，他在论文中提出著名的“图灵测试”：人类和机器展开对话，但是人类不知道与自己对话的是机器。假如通过对话，人类无法分辨出与自己对话的是机器，那么就可以认定机器具有“人的智能”。

1956年，约翰·麦卡锡等人在美国达特茅斯学院召开了一场“人工智能夏季研讨会”，就此创立“人工智能”这一科学领域，并掀起了科技界的一场革命。

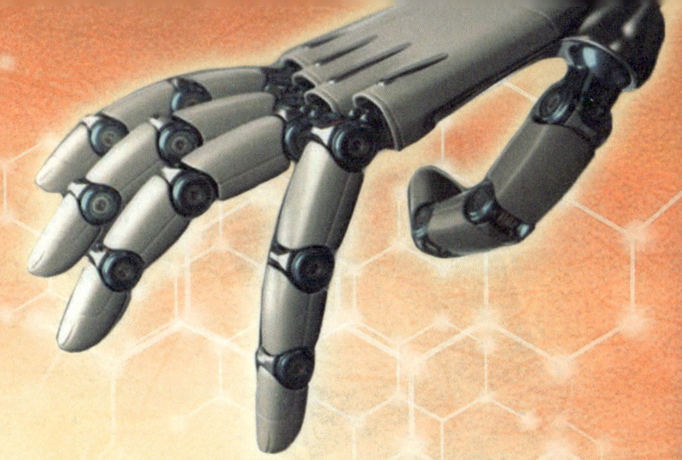

◎计算机的胜利

1996年2月10日，由IBM公司研制的超级计算机“深蓝”挑战国际象棋冠军卡斯帕罗夫，以2∶4的战绩落败。当时，“深蓝”的计算速度是每秒1亿步，这次失败后，技术人员对“深蓝”进行升级，运算速度提升了一倍。1997年5月11日，“深蓝”再一次挑战卡斯帕罗夫，当时的卡斯帕罗夫已经是世界积分排名第一的大师。最终，“深蓝”以一负两胜三平的成绩获胜。

“深蓝”拥有32个处理器，存储了100年以来的两百多万场顶尖对局，它可以预先算出每一步棋随后十二步棋的所有变化，从中寻找出最佳策略，而人类顶尖选手只能算到后十步棋。

随后，计算机又向围棋界发起挑战。2016年3月，谷歌公司研制出的围棋程序阿尔法围棋(AlphaGo)以4∶1的成绩战胜了韩国棋手李世石；2017年5月，它又以3∶0的成绩战胜了当时世界排名第一的中国棋手柯洁。2017年10月，谷歌旗下公司又公布了最强版围棋程序AlphaGo Zero，它从空白状态学起，在无任何人类输入的条件下，仅用了40天时间便超越了人类3000年的积累。《MIT科技评论》说：AlphaGo Zero表明，人工智能可以在没有任何帮助的情况下变成超人。

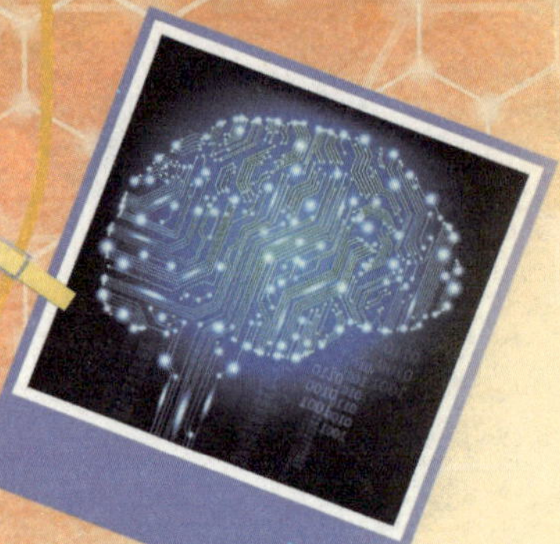

◎机器学习

从“人工智能”创立的初期，人们就一直希望机器能够模仿人类的学习过程，不断获取知识。“深蓝”依靠强大的计算能力，从海量的棋谱中总结出规律，“学会”了取胜的方法。国际象棋的棋盘是8×8，“深蓝”能够计算出一局中所有的可能性。但是，到了围棋19×19的棋盘上，“深蓝”的这种“学习方法”是远远不够的。AlphaGo之所以能够在围棋界所向披靡，正是因为它的“学习方法”比“深蓝”更加优越。

首先，AlphaGo拥有人工神经网络。早在20世纪40年代，科学界就已经建立了神经网络模型。20世纪80年代，人工神经网络成为热门研究领域。AlphaGo的人工神经网络可以做到分类和逻辑推理，就像会“思考”一样。

其次，AlphaGo拥有深度学习的能力。“深度学习”是科学家在2006年提出的概念，利用人工神经网络进行机器学习。AlphaGo在进行围棋学习时，会根据预先输入的大量顶尖围棋数据，总结出高手们是如何落子、如何布局的。而AlphaGo Zero更是做到了自我学习，强化自身，最终成了围棋界的不败将军。

◎ChatGPT

ChatGPT，是美国OpenAI公司研发的一款聊天机器人程序，它能够通过学习和理解人类的语言来进行对话，还能根据聊天的上下文进行互动，能像人类一样聊天交流，甚至能完成撰写电子邮件、文案、代码等任务。

ChatGPT会通过链接大量的语料库来训练模型，这些语料库包含了真实世界中的对话，使得ChatGPT上知天文下知地理，与它聊天，似乎在和一个博学的人聊天无异。

目前，ChatGPT因其过于强大的功能，也产生了不少争议。已有多家学术期刊发表声明，完全禁止或严格限制使用ChatGPT等人工智能机器人撰写学术论文。

◎进步还是危机

自从“人工智能”概念在1956年被提出以来，人们就对这个领域充满了期待，但是也有部分人感到忧心忡忡。他们担心，一旦机器有了自我意识，将会不受人类控制，甚至最终还可能毁灭人类。在电影《我，机器人》中，就描绘了这样的场景。

著名物理学家霍金也说过：“成功创造人工智能，可以说是人类文明史上最大的事件，也可能导致人类终结，除非我们学会如何避免其危害。”

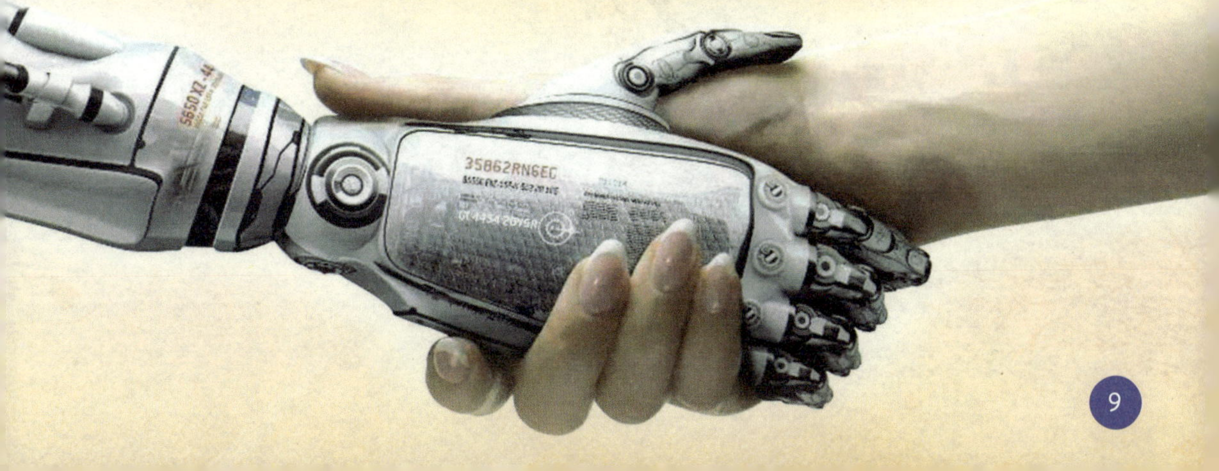

5G：通信中的超音速"战斗机"

5G是世界各国都在积极研发的第五代移动通信技术，它极大地提升了信息传输速度，使人们的工作和生活更加方便。

◎移动电话

早在1940年，美国贝尔实验室就制造了第一台移动通信电话，但是由于其体积过于巨大，只能放在实验室中，便慢慢被人遗忘了。

1973年4月，美国摩托罗拉公司的工程师马丁•库帕发明了世界上第一部真正意义上的移动电话，它大约有两块砖头那么大，可以随身携带。20世纪80年代，这种移动电话在中国流行起来，被称为"大哥大"。

以现在的眼光看，"大哥大"显然过于笨重，但在当时它的造价昂贵，是身份和地位的象征。之后，移动电话（手机）技术发展迅猛，设备体积越来越小，使用越来越方便，造价也越来越低廉。现在，智能手机已经普及到家家户户。

◎从1G到4G

使用智能手机的时候，屏幕右上角总会显示2G、3G或4G的字样，如果没有这个“G”，那么你的手机可能就没有信号。这里的G是英文单词“Generation”的首字母，表示“代、时代”的意思。2G、3G、4G分别就是第二代、第三代、第四代移动通信技术。

20世纪80年代初，人们提出了第一代移动通信技术的概念，于90年代初完成。“大哥大”所使用的就是这种通信技术，采用模拟信号，只能用于语音通话，而且容量小、抗干扰性差，容易被监听。

20世纪末，2G开始普及，引入了短信技术，使得手机功能由传统单一的语音通话功能进化到既可以进行语音通话，又可以传送文字信息，从而衍生出了短信文化。之后，通信技术不断革新，3G、4G相继出现，信息传输速度不断提升。现在使用得较多的是4G网络，它的速度是2G网络的10000倍、3G网络的50倍，能够快速传输高质量的图像、音频和视频。

◎新时代的5G

2019年2月25日至28日，世界移动通信大会(MWC)在西班牙巴塞罗那举行。会上发布的报告中提到，随着2019年5G网络发布和兼容设备数量的增加，5G有望在2025年占全球移动连接的15%。继韩国和美国于2018年推出首批商用5G之后，全球又有16个主要市场于2019年启用了商用5G网络。

中国也迎来了5G快速发展的时代。2016年1月，我国的5G研发试验开启。2018年12月27日，在由IMT-2020（5G）推进组组织的中国5G技术研发试验第三阶段测试中，华为以100%的通过率完成5G核心网安全技术测试。2019年6月6日，工信部正式向中国电信、中国移动、中国联通、中国广电发放5G商用牌照，中国正式进入5G商用元年。截至2022年9月末，

我国5G移动电话用户已达5.1亿户，占移动电话用户的30.3%。移动通信基站总数达1072万个，其中，5G基站总数达222万个。随着科技的发展，5G将渗透到经济社会的各行业各领域，成为支撑经济社会数字化、网络化、智能化转型的关键新型基础设施。

◎5G的优势

速度快：如果把4G网络比喻为飞驰在高速公路上的汽车，那么5G网络就是超音速战斗机。按照预期，5G网络的下载速度最高可以达到1Gb/秒，比起4G的100Mb/秒，提升了10倍。

延时低：当你打开一个网页，直到网络响应，总要等待一段时间，一般只有几十毫秒，最多数秒。这段时间叫做“延迟时间”，简称“延时”。5G网络的高速可以大幅降低数据传输的响应时间，甚至可以将延时降低至1毫秒。

容量大：截至2022年9月末，我国三家基础电信企业的移动电话用户总数已达16.82亿户。如此大规模的用户，给通信市场带来了繁荣，同时也给网络带来了巨大的压力，3G和4G的无线频率已经“人满为患”，传输卡顿甚至中断的情况常常发生。而5G网络能够容纳更多的数据信息，有效解决这一问题。

◎高端技术的基础

尽管5G技术是当下最高端的技术之一，但是其基础原理跟你平时玩的遥控汽车一样，就是无线电。

无线电是电子技术最初的名称，这一名词已经逐渐被电子学所代替。电磁场和电磁波是电子学的基础。所谓电磁场，就是以场的形式存在的特殊物质形态。电磁波是电磁场的一种运动形态，它以变化的电场和磁场相互作用、相互依赖而存在，以光速在空间传播。所有的移动信号都是电磁波，正因为如此，信息才能隔空传递。

全球定位系统：出门旅行的最佳导游

无论你在地球上的哪个位置，全球定位系统都可以准确地锁定你，并帮助你找到通往目的地的最佳路线。

◎卫星定位系统

1958年，美国军方研制了一种卫星定位系统，名叫“子午仪”。这套系统使用由6颗人造卫星组成的网络进行定位，虽然精度不是很理想，但是这套系统让人们意识到卫星定位的可行性。

之后不久，美国海军研究实验室提出了一项全球定位网计划，并于1976年发射了试验卫星。同时，美国空军也提出了一项卫星定位网

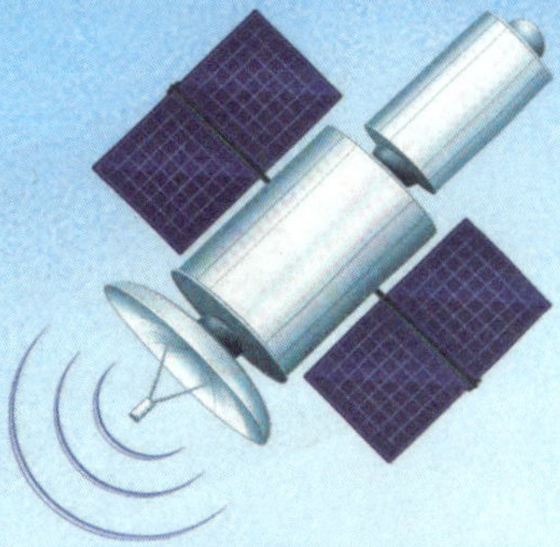

计划。由于同时研发两个项目的花费过于巨大，所以美国国防部将二者合一，建立了卫星导航联合计划局。该项目被命名为全球定位系统（Global Positioning System，简称GPS），该系统将24颗卫星放于三个轨道上，全天候提供目标物的三维位置和三维速度等信息。

◎工作原理

导航卫星上搭载着世界上精确度最高的原子钟，24颗卫星会全天不间断地向全世界发送自己的位置信息，所以，根据原子钟显示的时间，就可以精确地获得卫星的位置。使用时，只要GPS接收器获得3颗卫星的位置信息和距离，就可以利用数学公式计算出你的位置。由于信号传播需要时间，所以还需要靠第四颗卫星来修正时间误差。

◎著名的导航系统

继美国开发GPS后，中国、俄罗斯、欧洲各国也陆续研制出自己的导航定位系统。

俄罗斯“格洛纳斯”：1976年，苏联启动“格洛纳斯”计划，在1982年至1985年间发射了21颗测试卫星，但这些卫星的寿命较短，需要频繁更换。1995年，俄罗斯耗资30多亿美元，对“格洛纳斯”进行全面升级，最终形成由24颗卫星组成的导航网络。

欧盟“伽利略”：2002年3月，欧盟15国交通部长会议一致决定，启动“伽利略”导航卫星计划。伽利略系统计划由30颗卫星组成，与美国的GPS相比，定位更加精确。但由于欧盟内部分歧与资金问题，由30颗卫星组成的伽利略系统至今只有26颗部署到位。

◎北斗导航

北斗三号全球卫星导航系统，是中国自主研制的全球卫星导航系统，是全球四大导航系统之一。2000年10月，第一颗北斗导航试验卫星发射升空。2012年12月27日，北斗系统向亚太地区全面开放，提供导航定位和授时服务。2014年11月23日，北斗系统获得国际海事组织认可，正式成为全球无线电导航系统的组成部分，可以进行航海导航方面的应用。2018年11月19日，两颗北斗三号导航卫星在酒泉卫星发射中心升空，北斗系统正式进入全球导航的时代。

2020年6月23日，北斗三号最后一颗全球组网卫星在西昌卫星发射中心点火升空。至此，北斗三号全球卫星导航系统星座部署比原计划提前半年全面完成。7月31日，北斗三号全球卫星导航系统建成暨开通仪式在人民大会堂举行，中共中央总书记、国家主席、中央军委主席习近平宣布北斗三号全球卫星导航系统正式开通。截至2020年，中国卫星导航产业总体产值已突破4000亿元。预估到2025年，中国北斗产业总产值将达到1万亿元。

北斗导航系统由5颗静止轨道卫星和30颗非静止轨道卫星组成。GPS定位的精度在水平10米左右，而北斗系统在亚太地区的定位精度是水平5米左右。未来，随着卫星网精度的不断提升，在2025年，全世界将会享受到北斗系统的厘米级的定位服务。

◎军用、民用多面手

全球定位系统在军事方面的作用是最突出的，可以准确定位各级部队，甚至就连落单的士兵，指挥部也可以利用该系统随时随地掌握部队的位置信息，发布作战命令。

当飞机在机场着陆时，最重要的是确保飞机之间的安全距离。利用导航系统的精准定位和测速功能，即使在大雾天气，飞机也可以准确降落，大大提高了飞行的安全性。

发生地震、洪水等重大灾害时，导航系统不仅定位迅速、准确，而且带有发送短信的功能，有利于救援行动有效、快速地展开。

虚拟现实：体验百样人生

虚拟现实是一种仿真技术，它可以利用计算机系统生成逼真的模拟环境，让用户情不自禁地沉浸其中。

◎爱丽丝的仙境

《爱丽丝漫游奇境》是英国作家卡罗尔创作的儿童文学名著。小女孩爱丽丝因为追赶一只白色的兔子而掉进了兔子洞里，并由此进入了一个神奇的世界。在这个世界里，动物会说话、纸牌能活动……

你是不是很羡慕爱丽丝的这场奇妙旅程呢？不用着急，现代科学技术可以给你创造一个同样神奇的“兔子洞”！

◎虚拟现实

虚拟现实(Virtual Reality，简称VR)技术，是一种创建和体验虚拟世界的计算机仿真系统。利用计算机生成立体的虚拟世界，并根据用户的反应及时做出调整，让用户有身临其境的感觉。

这种感觉有点像看3D（三维）电影，但是看3D电影时，一旦你的视线离开荧幕，马上就会被“拉”回现实。而VR技术让你无论做什么动作，都无法摆脱“幻境”。

◎设备与原理

数字头盔：数字头盔与主机相连，接收主机的VR图像和声音信号。人眼在观察环境的时候，由于双眼的位置不同，看到的图像也会有些差别。双眼看到的图像在脑海中融合，才会形成一个完整的、立体的景象。用户戴上数字头盔后，系统也会在左右两个屏幕上生成略有不同的两幅图像，从而产生立体效果。

数据手套和数据衣：数据手套和数据衣是计算机用来捕捉你的位置和动作信息的工具。有了数据手套，你就可以在虚拟世界中拿起杯子等物品；有了数据衣，你就可以在虚拟世界中奔跑。

空间跟踪定位器：数据手套和数字头盔均装有空间跟踪定位器，在用户使用VR设备时，它可以随时检测用户的位置信息，使用户不局限于固定的位置，可以自由移动。

动作捕捉器：在用户的关键运动部位设置动作捕捉器，并向主机发送当前的位置信息，经过计算机的计算，就可以得到用户的动作信息。

◎增强现实和混合现实

虚拟现实技术是在特定的设备中为你打造一个虚拟世界，而增强现实技术和混合现实技术则是将虚拟世界带到真实世界中来。

增强现实（Augmented Reality，简称AR）技术，是在现实世界的图像上覆盖虚拟3D图像，它不需要沉重的数字头盔、数据手套和数据衣，只需要一副轻巧的眼镜，或者一台手机大小的AR设备即可。

如果你去一处景点旅游，发现一处损坏已久的古建筑，只要使用AR设备进行拍摄，就能够得到损毁部分的立体复原图，让你尽情欣赏古建筑的原貌。假如一位工程师利用AR设备检查一台大型机器，不用将机器拆开，AR设备就会生成机器内部构造的3D图像。

混合现实（Mixed Reality，简称MR）技术，是AR技术的进一步发展。AR可以在现实世界的图像上增加虚拟图像，但无法改变真实的环境图像，MR要做到的就是既增加虚拟图像，又改变环境图像。

比如说，你在自家的院子里，想要感受海边度假的感觉。此时，AR可以帮你生成大海的图像，但院子的地面、花坛看起来跟大海太不搭了，MR就可以帮你把地面和花坛去除，或者是更改为沙滩。

◎假环境与真作用

虽然虚拟现实技术制造的不是真实场景，但是它的用处是不可估量的。

以课堂学习为例，生物课堂上，虚拟现实技术可以让早已灭绝的恐龙活生生地展现在你的面前；历史课堂上，你可以身临其境地体验古时候的生活；天文课堂上，你可以漫步在无边无际的宇宙中……

医生在VR的帮助下，可以无数次地重复模拟手术，推演手术方案，大大地提高成功率；军人可以利用VR进行战争训练，保证战士们的安全；建筑师可以预先用VR技术模拟房屋设计，提前对不合适的地方进行改进。

虽然现今的虚拟现实技术依然有许多难题需要解决，不过，相信用不了多久，人人都可以享受到虚拟现实技术带来的便利。

生物识别：身体是最好的密码

生物识别是利用人体生理特征进行身份鉴定的技术，不容易被人盗用，也不怕遗忘，是一种非常实用的技术。

◎个人信息安全

媒体经常会报道这样的新闻：某人因为银行卡或身份证被人恶意使用，遭受了财产等的损失。传统的身份认证存在安全性不高的问题，依靠身份证等“身外之物”来进行身份认证，总是容易被不法之徒钻空子。尤其是在电子信息技术广泛应用的今天，网络上黑客猖獗，令人防不胜防，而生物识别技术就是解决这种问题的最有效手段。

◎指纹识别

每个人的手指指腹上的一道道弯弯曲曲、凹凸不平的纹路，就是指纹。每个人的指纹都是独一无二的，并且是终身不变的。刑侦剧中，警察到达犯罪现场，做的第一件事情往往就是搜集犯罪现场的所有指纹，以此来查找犯罪嫌疑人。一旦指纹和信息库中的某人相匹配，那么就可以找他（她）来问话了。

指纹是人类在进化过程中形成的，它可以增大摩擦力，让人紧紧握住物体。身体在发育的过程中，表皮生长得慢，皮下组织生长得快，在皮下组织的挤压下，表皮变得凹凸不平，指纹就形成了。

现在的一些智能门锁以及打卡设备就带有指纹识别功能，它会记录使用者指纹的细节特征，生成指纹图像。验证时，它会将用户的指纹与指纹图像进行比对，只有匹配者才能使用。

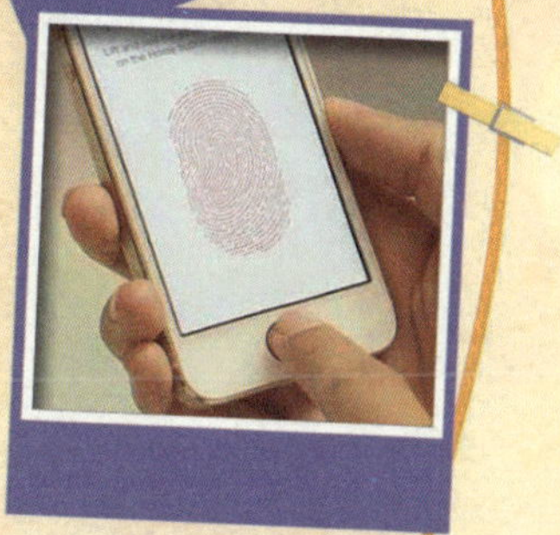

◎声纹识别

人类在发声的时候，需要舌、牙齿、喉头、肺、鼻腔等器官的共同配合，由于身体构造的区别，每个人的声音各不相同。声纹识别利用电声学设备生成用户的声波频谱，以此来验证身份。不过，人的声音在不同的生理阶段会发生变化，如果声带受到创伤，差别就更大了。另外，变声器在生活中也很常见，所以这种技术还有着明显的不足。

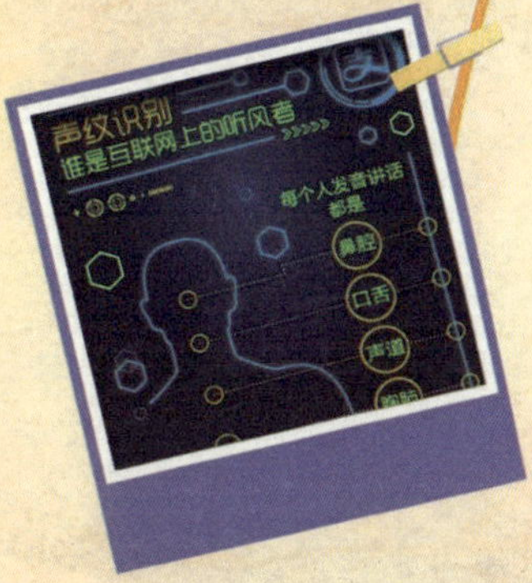

◎人脸识别

目前，人脸识别技术已广泛应用到日常生活中，比如智能手机解锁、网上付款等，都只要“刷”一下脸就可以啦。人脸和其他器官一样，都是与生俱来的，即便是双胞胎，在生长发育的过程中，他（她）们的脸也会产生细小的差异。这项技术自20世纪60年代中后期就已经开始被研究，但直到20世纪90年代，才有了突飞猛进的发展。

指纹拥有特殊的纹路，计算机很容易分辨，但是计算机对人脸的辨别要麻烦得多。因为所有人脸的整体布局都相同，计算机需要进行的处理很多，比如眼睛和鼻子之间的距离、鼻梁的角度、嘴唇的弧度等。在不同的光线、不同的角度下，人脸的特征都会有所不同，更不用说戴上口罩、眼镜、帽子等物品了。

人脸识别是人工智能的一个重要领域，在政府、军队、银行等部门已被广泛使用，更是在社会福利保障、电子商务、安全防务等领域发挥了重要作用。例如在刑侦领域，人脸识别设备可以通过道路监控系统，帮助警方从茫茫人海中迅速锁定犯罪嫌疑人，现在我国警方已经开始运用这项技术来进行侦破工作了。

◎静脉识别

静脉是将血液运回心脏的血管。静脉血液中含有脱氧血，这种血液可以吸收一定波长的红外线，但是骨骼和肌肉不行。利用这种特性，拍摄手指或者手掌的静脉分布图，可以用于身份鉴定。由于静脉存在于表皮之下，不会受到外部环境的影响，所以准确性很高。

◎虹膜识别

在一些科幻大片中，当主人公需要通过一扇门时，让门旁的激光仪扫描一下他（她）的眼睛，门就会自动打开。这种识别眼部特征的技术早已成为现实，虹膜识别技术就是其中一种。

虹膜位于眼球中层，正中间是瞳孔，它包含皱褶、色素斑点、细丝、条纹、隐窝等特征，和指纹一样，每个人的虹膜都是独一无二的。虹膜在胎儿发育成形之后，就会终身保持不变。在所有的生物识别技术中，虹膜识别是最精确，也是最安全的。

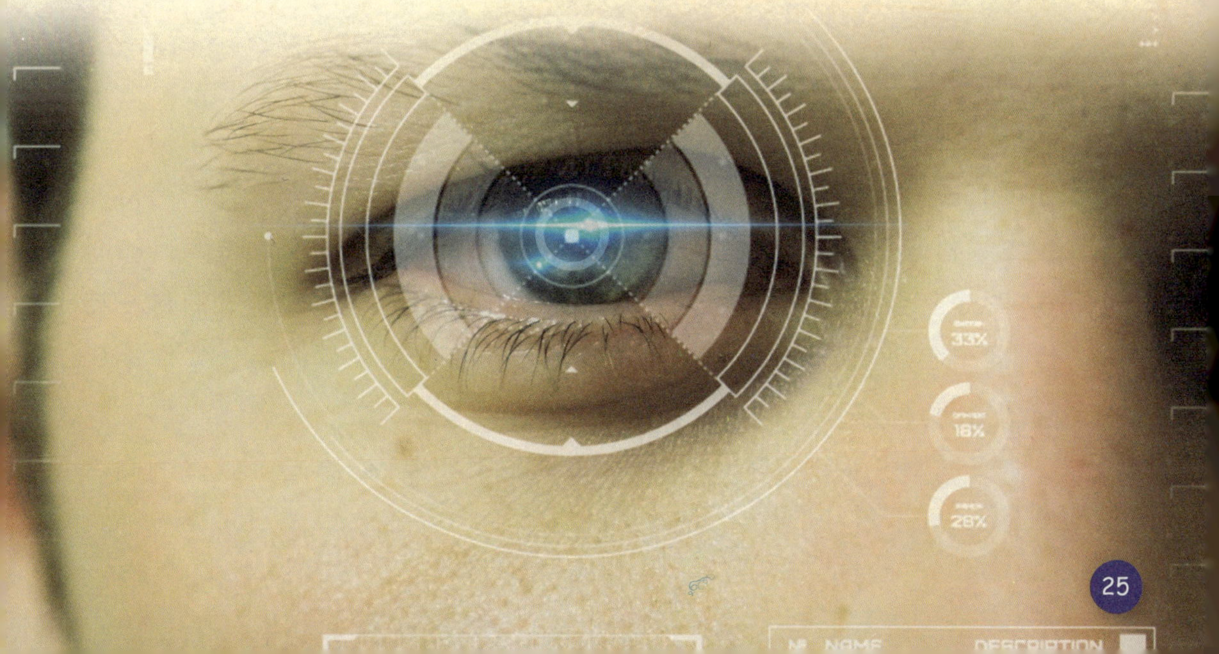

仿生机器人：人类的好伙伴

仿生机器人是模仿生物特点，从事生物工作的机器人。它们可以弥补年轻劳动力严重不足的问题，解决部分人口老龄化问题和医疗问题。

◎省事的宠物

宠物是人类忠实的好朋友，在你孤单的时候可以陪伴你，还能帮助你完成一些困难的任务。不过，也有人觉得养宠物是件麻烦的事情，洗澡、掉毛、大小便都需要你花精力或金钱去处理。

仿生机器人可以帮助你解决这些问题，它们不仅外形和动物相似，习性也可以和动物一模一样。当然，仿生机器人的皮肤是冰冷的金属，而不是温暖的皮毛。

◎机械昆虫

小到蟑螂，大到人体，科学家们都可以制造出对应的仿生机器人。你可能会纳闷，昆虫仿生机器人这么小，能有什么用呢？俗话说得好：天生我材必有用。昆虫也是如此。以蟑螂为例，蟑螂在高速爬行的时候，总是三条腿着地，一边两条，另一边一条。机械蟑螂也拥有这一特性，它们每秒可以前进3米，而且能保持平衡。科学家们就让它们来排除地雷，以减少士兵的伤亡。

《西游记》里，孙悟空常常变成一只小苍蝇，偷偷潜入妖怪的洞府

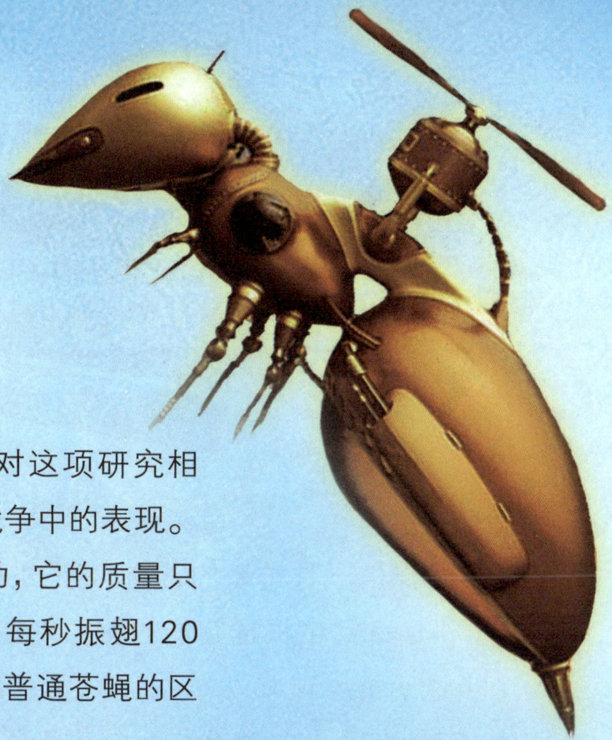

里寻找师父唐僧的下落。机械昆虫出现之后，就有人自然而然地想到，可以利用它们去窃取情报。1998年，美国哈佛大学的一个研究小组开始制造机械苍蝇，五角大楼对这项研究相当重视，非常看好机械苍蝇在战争中的表现。2013年5月，机械苍蝇研发成功，它的质量只有60毫克，身躯只有2厘米长，每秒振翅120次，肉眼根本没办法分辨它们与普通苍蝇的区别，能在空中连续飞行30秒。

机械蜻蜓是一种小巧而精密的机器人，和真正的蜻蜓一样，机械蜻蜓可以在空中以任何角度飞行，而且可以按照设定好的路线盘旋，执行复杂的飞行任务。机械蜻蜓的个头比真正的蜻蜓稍微大一点。更重要的是，机械蜻蜓可以通过智能手机来操控，操作也非常简单。

◎水中健将

人类为了进行深海探险，发明了精密的水下探测器，但是水下探测器的效率和机动性远远不如海洋中的生物。1994年，世界上第一条仿生金枪鱼问世，它有着流线型的躯体，靠着身体的波动和尾鳍的摆动产生推动力，当它遇到危险能够快速逃离。

有一种海洋生物叫作䲟（yìn）鱼，它们的嘴部有吸盘，人们给它起了个绰号叫“吸盘鱼”。䲟鱼特别喜欢“搭便车”，它们利用嘴部的吸盘吸附在鲸类、鲨鱼或海龟的腹部，不管“车辆”游得多快，䲟鱼都能牢牢地吸住。2017年，北京航空航天大学、哈佛大学和波士顿大学联合启动了一项科研项目——研制机械䲟鱼，以协助人类进行海洋探索。

水母是一种神奇的生物，它们是通过体内向外喷水助推来前进的。科学家们也根据它们的特性制造出了机械水母。机械水母由一个半透明的半球和八条推进触角组成，中心是一个水密激光烧结体，安装有中央电动机和两块锂离子聚合物电池。相比螺旋桨式，喷水式推进振动幅度小、噪声低，而且零件不易磨损，日常保养和维修都比较容易。

◎飞翔高手

德国的一家公司发明了一款机械海鸥，起名“聪明鸟”。“聪明鸟”能够在空中滑翔，利用杠杆原理，“聪明鸟”的翅膀可以逼真地上下扇动，还能做出扭动身体、摇动尾巴和晃动脑袋等动作。

◎中国制造

2022年10月，北京航空航天大学自主研制与试验的“双关节大鸟型扑翼飞行器”创造了一项世界纪录——扑翼式无人机单次充电飞行时间最长，飞行器续航时间为1小时31分04秒98。

2022年11月，在第十四届中国航展上，由中国兵器装备集团五八所自主研制的四足仿生机器人备受关注。这个四足仿生机器人外形就像一只“机器狗”，它的前端搭载着光学和雷达装置，就像“眼睛”；上方则搭载着一挺7.62毫米长的机枪，机载武器可以根据任务需求变换，还可以装载像雷达这样的装置，具有高机动、大负载、多地形适应性等特点。在实战中，这只“机器狗”就是战士们的好搭档，它能在地下管道、洞穴、丛林等复杂环境中，执行抵近侦察、火力清剿、危险物品处理等不同作战任务。

基因组计划：X战警的秘密

人类基因组计划的目标是测定人类染色体中所包含的30亿个碱基对组成的核苷酸序列，以破解人类遗传信息的秘密。

◎DNA

刑侦剧中经常出现这样的场景：犯罪分子在作案现场留下血迹，警察通过测定DNA，精准地找到凶手。那么，什么是DNA？它为什么这么神奇？DNA的中文名称是脱氧核糖核酸，它是人类以及其他绝大部分生物的遗传信息的携带者，主要分布于细胞核内。

1869年，瑞士医生弗雷德里希·米歇尔发现了一些仅仅存在于细胞核内的物质，当时他称之为"核素"。之后很长一段时间里，虽然生物学家们逐渐测定出DNA中所含的物质，但是一直没有弄清DNA的结构。直到1953年，詹姆斯·杜威·沃森和弗朗西斯·克里克两人发现DNA的双螺旋结构，这一重大发现的重要性可以与达尔文的进化论相媲美，人们从此有望破解遗传信息的秘密了。

DNA由两条多核苷酸链组成，它们反向平行纠缠在一起，就像一串麻花。

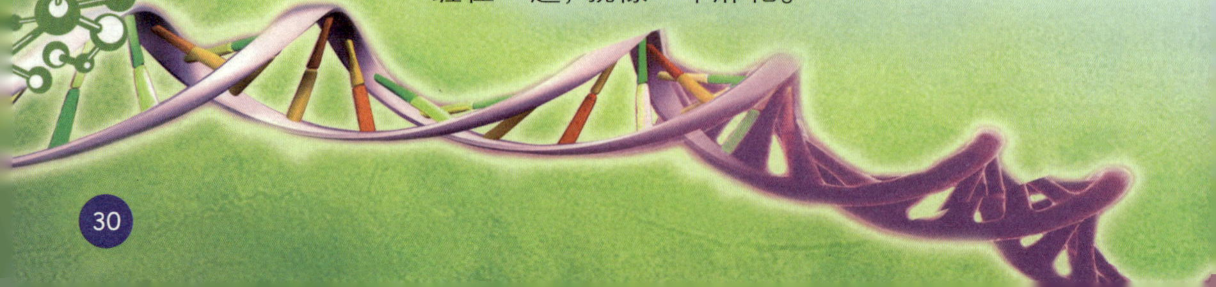

◎遗传信息

孩子与父母站在一起，总会听到这样的话："哎呀，这孩子和爸爸（妈妈）长得可真像。"为什么孩子会像父母呢？这就是DNA在起作用。DNA携带着的遗传信息，被称作基因。一个人的身高、体重、长相、血型等信息，以及生老病死的生命历程，全部受DNA的影响。

漫画《X战警》中，主人公们的基因中含有一个突变的"X基因"，他们因此获得了各种超能力，像X博士的读心术、金刚狼的超强自愈能力、激光眼的激光光线……你是不是也幻想过，要是自己也有"X基因"就好了，那就可以拥有超能力了！

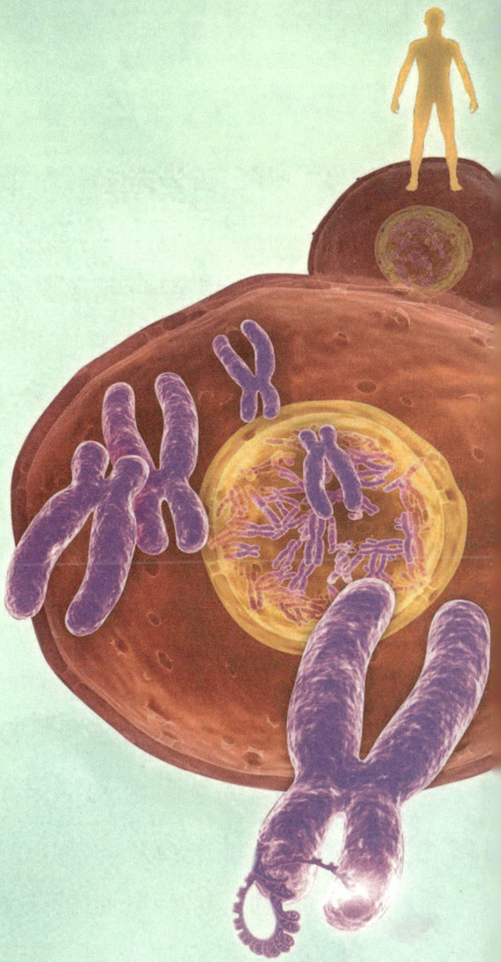

◎生命图谱

1990年，美国、英国、法国、德国、日本和中国的科学家共同参与了一项工程——人类基因组计划。该计划的目的就是破解人类遗传基因的秘密，绘制人类的基因图谱。

2006年5月18日，英国《自然》杂志网络版发布了人类最后一个染色体——1号染色体的全部基因测序图。至此，人类基因图谱已经涵盖了99.99%的基因序列，人类基因组计划正式宣告成功。这一计划的最终目的是测定人类基因组中30亿个基本化学组成（称为碱基对或核苷酸），进而揭示与人类的生老病死有关的数万个基因的相互关系。

2007年10月11日中国科学家对外宣布，已经成功绘制完成第一个完整中国人基因组图谱（又称"炎黄一号"），这也是第一个亚洲人全基因序列图谱。

◎大部分的DNA都是垃圾吗

基因存在于DNA中，但并不是所有的DNA都携带基因。根据科学家的研究，人体内90%以上的DNA并不对遗传产生影响。因此，科学家们将这些“没有用”的DNA称为“垃圾DNA”。

当然，“垃圾DNA”只是玩笑的说法，更多的科学家把它们称为“暗物质”。在人类基因组计划实施之前，负责的团队曾经因为这些“暗物质”产生争执：一部分人认为，这些DNA与基因无关，完全没有必要去测定它们的序列；而另一部分人本着科学严谨的态度，坚持要测定人体所有的DNA序列。

虽然目前的科学研究还没有取得重大突破，但人们已经发现，这些DNA并不是一无是处。一些科学家猜测它们与胚胎的发育有关，还有科学家认为它们可以促进细胞分裂，甚至有科学家“脑洞大开”，认为这些DNA是外星人留在地球上的“加密信息”！

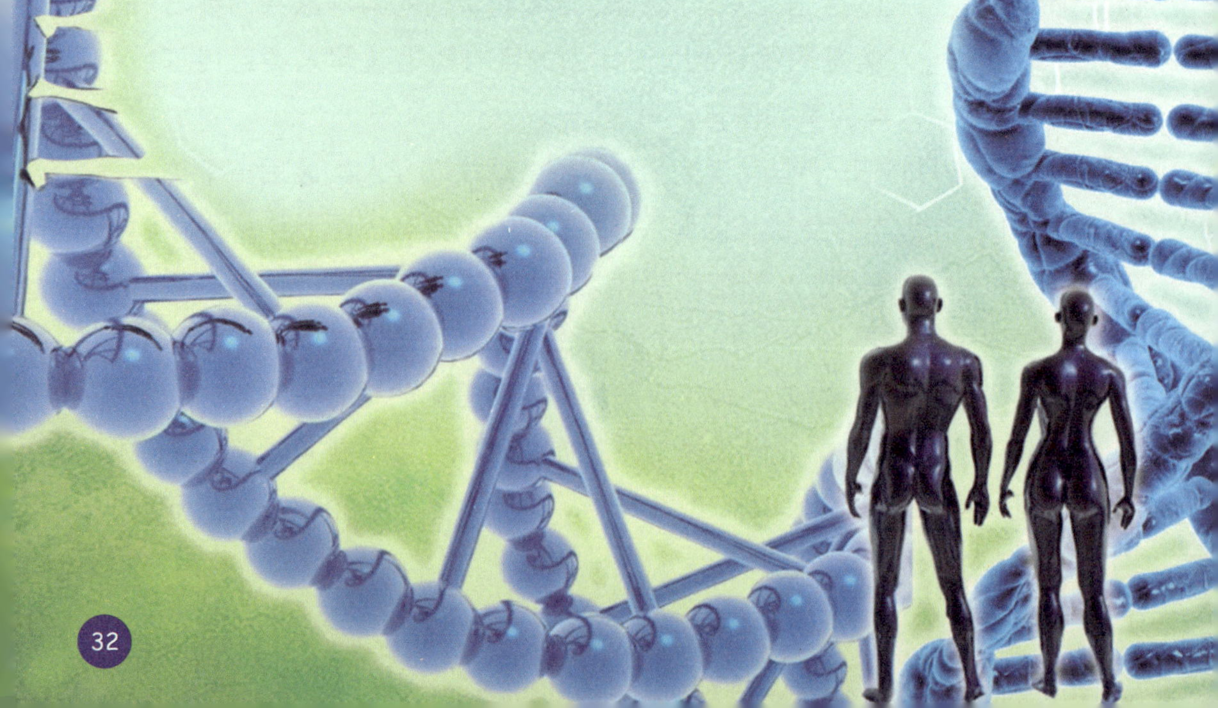

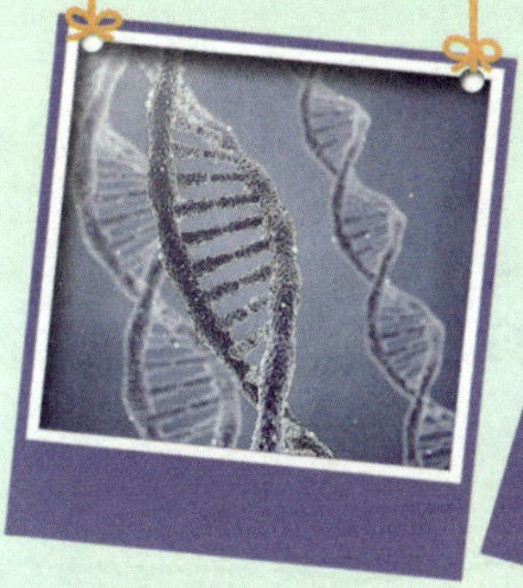

◎基因治疗

在人类基因组计划实施之前，科学家们已经认识到，癌症以及各种其他不治之症，几乎都与基因有关。自19世纪60年代开始，科学家们开始着手从基因层面研究治疗疾病的方法。基因治疗法大致可以分为两类：对于缺少基因片段的患者，利用病毒将缺失的基因转入患者细胞内；对于发生变异的基因，则通过手术的方法令其恢复正常。这些方法看上去很合理，但结果都不尽如人意。

1986年，病毒学家、诺贝尔生理学或医学奖获得者杜尔贝科指出其中的症结所在："人体的基因是一个完整的系统，这样'零敲碎打'地研究某个基因，无法攻克癌症。只有了解了癌症细胞的整个基因组，才能完全地理解癌症。"杜尔贝科的说法得到了广泛认可，从而催生了人类基因组计划的开展，这大大提升了人类对于基因结构、功能、控制、表达方面的理解。

2017年8月，美国《科学》杂志刊登了瑞典科学家发表的全球首份癌症病例图谱"Atlas"，为人类治愈癌症迎来了希望的曙光。

从基因治疗的历史来看，我国起步较早，第一个基因治疗临床试验可以追溯到1991年。但与同期的美国和欧洲国家相比，进展相对缓慢。也就是说，在相关立法的规范下，中国的基因治疗还有很长的路要走。

克隆技术：人工制造生命

“克隆”是英文“Clone”的音译，是指生物体通过体细胞进行的无性繁殖。克隆产生的生命体与原个体的基因完全相同。

◎孙悟空的猴毛

在《西游记》中，孙悟空与妖怪作战时，有时候会拔下身上的一些猴毛，放在手心一吹，猴毛就变成了许多的猴子，帮助自己作战。

如果要给孙悟空这个法术找一个科学名词的话，那么克隆是最适合不过的了。猴毛里含有蛋白质，蛋白质是DNA的表达，可以逆转出DNA序列，就可以得到孙悟空的基因，从而制造出一个新的“孙悟空”。

当然，现在的科技还无法做到这种地步，但是利用克隆技术，科学家们已经可以制造出生命体了。

克隆其实在生活中很常见，植物的嫁接就是克隆的一种，也是克隆最初的意思。现在克隆的意义已经从植物界扩大到整个生物界，凡是通过体细胞进行无性繁殖的，都属于克隆的范畴。

◎克隆羊多莉

克隆大致可以分为两种：一是由同一个祖先细胞分裂繁殖形成的细胞系；二是将细胞核移植到去核的受体卵细胞中，用电流刺激使二者结合。动物的克隆一般使用的是第二种方法，经过人工培养，新的细胞会发育成为胚胎，再将胚胎移植到雌性动物体内，就可以孕育出一个新的生命。这个生命与提供细胞核的动物的基因基本相同，是该动物的“复制体”。

1996年7月5日，克隆羊多莉在英国罗斯林研究所诞生，整个世界为之震撼。多莉拥有三个母亲：它的细胞核（基因）来自一只芬兰多塞特白面母绵羊，卵细胞来自一只苏格兰黑面母绵羊，而它的胚胎则是在另一只苏格兰黑面母绵羊体内发育为个体的。

克隆羊多莉的诞生

◎重要用途

治疗疾病是克隆技术的一个重要用途，人体的早期胚胎中有一种全能干细胞，这种细胞可以分化成各种器官。利用克隆技术培育患者早期的胚胎，提取出其中的全能干细胞，使它发育为一类器官，可用于治疗患者的疾病。

2018年1月25日，顶尖科学期刊《细胞》发表了中国科学家的重大研究成果——世界上第一只体细胞克隆猴“中中”和第二个体细胞克隆猴“华华”已在中国科学院神经科学研究所诞生。此前，科学家一直未能实现非人灵长类动物的体细胞克隆，也就难以建立模拟人类疾病的动物模型。中国科学家解决了这个世界难题，率先开启了以猕猴作为实验动物模型的时代。

克隆技术还可以为挽救全球各地的濒危物种作出贡献。2022年9月，中国成功克隆出一只北极狼“玛雅”。美国有线电视新闻网（CNN）对此报道称：中国科学家克隆了北极狼，是濒危物种保护方面的一个“里程碑”。

◎克隆人的争议

2001年11月28日，美国先进细胞技术公司宣布利用克隆技术培养出了人类胚胎。接着，又陆续有三个国外组织宣布进行克隆人实验。一时间，这些消息在社会上引起了广泛的讨论。

克隆人的身份如何定义？应不应该保障克隆人的人权？克隆人的技术还不成熟，如果他们有天生缺陷，谁应该为此负责？如果有人利用克隆人做各种人体实验该怎么办？这一系列的伦理问题，目前都无法解决。现在，世界各国都禁止克隆人实验。

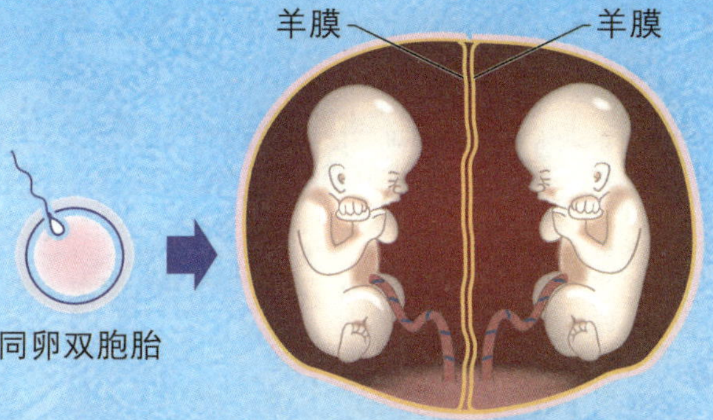

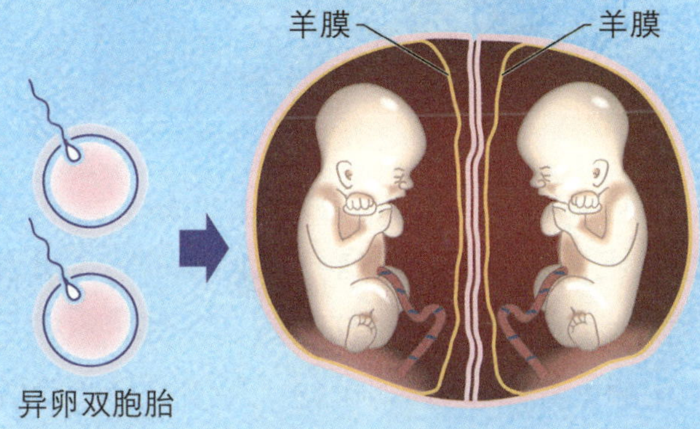

◎双胞胎和试管婴儿

双胞胎分为两种，一种是同卵双胞胎，还有一种是异卵双胞胎。异卵双胞胎是由两个不同的受精卵发育而成的不同个体，两个受精卵各自拥有胎盘，彼此之间没有联系。同卵双胞胎则是同一个受精卵一分为二，形成了两个胚胎。同卵双胞胎共用一个胎盘，而且遗传物质基本相同。

试管婴儿的培育过程是让卵细胞和精子在体外受精形成胚胎，胚胎经过一段时间的发育之后，再移植回母亲体内。

双胞胎、试管婴儿都和克隆有一定的相似之处，但它们都不是克隆。双胞胎拥有大体相近的DNA，试管婴儿在体外培养胚胎。这两种技术都是有性繁殖，既有父亲也有母亲，而克隆是没有父亲的。

果蝇实验：遗传学上的大发现

果蝇广泛地存在于温带和热带地区，以酵母菌为主食。果蝇的染色体数量少、区别明显，而且变异性状多，因此遗传学家很喜欢拿果蝇进行实验。

◎遗传学之父

19世纪，奥地利有位神父名叫孟德尔，他是一位博学的人，精通哲学、数学和生物学，对物理学和地质学也很有研究。

在孟德尔的时期，达尔文的《物种起源》刚刚出版，引起了学术界的轰动，生物学家们兴致勃勃地进行着生物进化的研究。孟德尔并没有盲目跟风，他埋头进行豌豆实验，取得了重要的成果。不过，这些成果当时并没有引起人们的注意，直到1900年，他提出的两大遗传定律才引起生物学界的大地震，他也因此被称为“遗传学之父”。

分离定律：控制生物性状的遗传因子（基因）是成对存在的，两者互不相融，在遗传过程中，成对的遗传因子发生分离。

自由组合定律：控制同一性状的遗传因子的分离和组合互不干扰，自由分配。

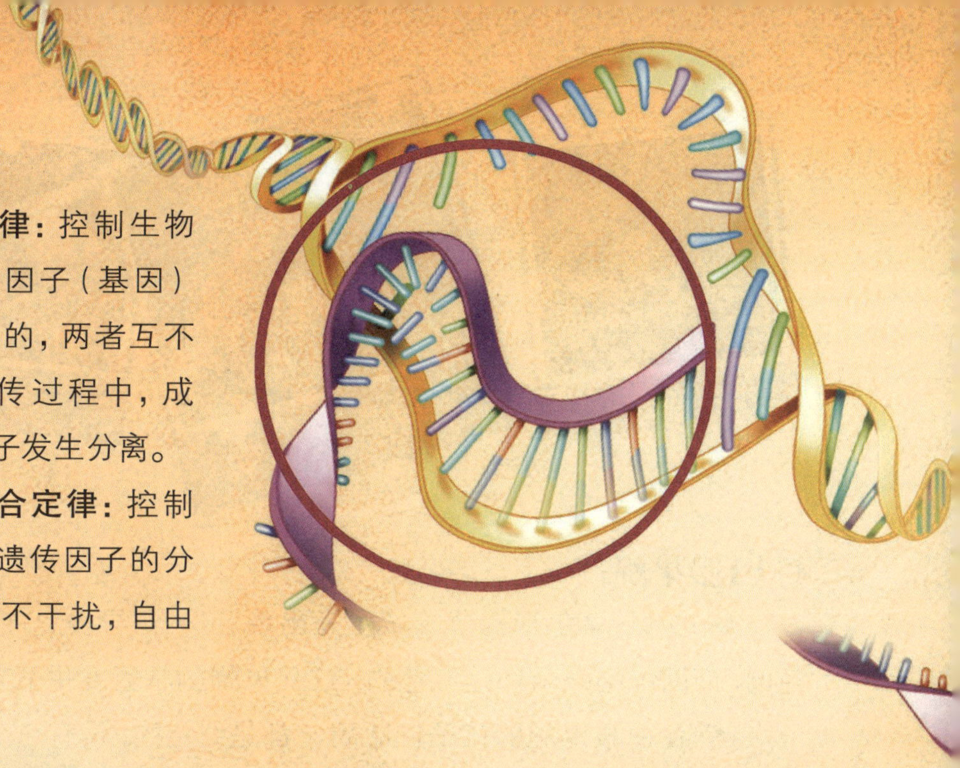

◎果蝇实验室

孟德尔发现的规律奠定了遗传学的基础，但是一位年轻的生物学家却对孟德尔的研究成果产生了质疑。原因是孟德尔仅仅使用豌豆来进行实验，他觉得有可能不适用于其他的生物。这位年轻人就是摩尔根。

摩尔根决定通过实验来验证孟德尔定律的正确性，因为果蝇具有便于饲养、繁殖速度快等优点，被摩尔根选为了实验动物。摩尔根的实验室非常简陋，里面只有几张桌子，到处都摆满了牛奶罐，罐子里爬满了大大小小的果蝇。

◎白眼果蝇

1910年，摩尔根的果蝇实验室出现了一个“异类”，它的眼睛是白色的，而同伴的眼睛都是红色的。这只果蝇的基因发生了突变。

然而，白眼果蝇的孩子们眼睛全都是红色的，没有一个是白色的，摩尔根明白了：白眼基因是一个隐性基因，而红眼基因是显性基因。白眼果蝇的孩子们又生出了下一代，这一代里红眼和白眼的比例是3∶1。这些都完全符合孟德尔的遗传定律！至此，摩尔根完全相信了孟德尔的遗传定律，同时也对孟德尔发自内心地钦佩。

◎伴性遗传

在实验中，摩尔根发现了一个现象：三代之中所有的白眼果蝇都是雄性的。孟德尔的定律无法解答这个问题。摩尔根便沿着这条线索研究下去，第四代的果蝇出生，出现了雌性白眼果蝇，并且红眼和白眼的比例是1∶1。

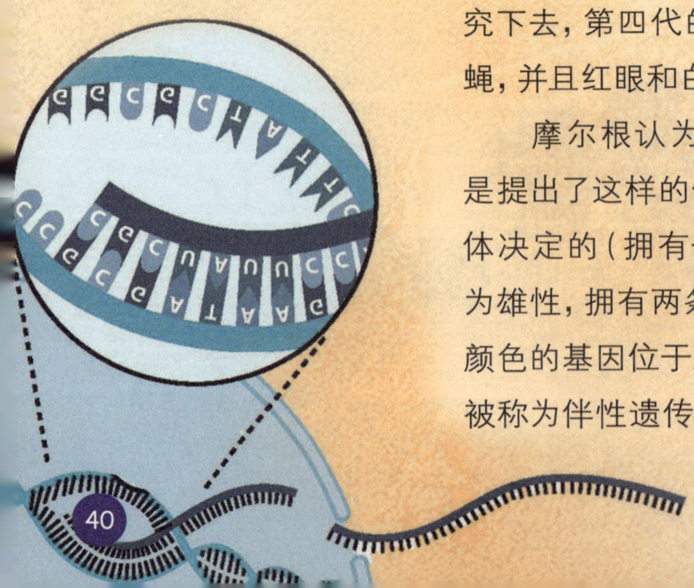

摩尔根认为这种遗传性状与性别相关，于是提出了这样的假设：果蝇的性别是由X、Y染色体决定的（拥有一条X染色体和一条Y染色体的为雄性，拥有两条X染色体的为雌性），控制眼睛颜色的基因位于X染色体上。这种遗传现象后来被称为伴性遗传。

◎连锁交换定律

果蝇的性状除了眼睛的颜色外，还有身体的颜色和翅膀的长短等。果蝇身体的颜色有灰色和黑色两种，翅膀有长翅和残翅之分，这两种性状按照排列组合，应当有四种果蝇：灰身长翅、灰身残翅、黑身长翅、黑身残翅。

但是，摩尔根的实验结果中只出现了两种：灰身长翅和黑身残翅。摩尔根再次大胆假设：灰身基因和长翅基因位于同一条染色体上，黑身基因和残翅基因也位于同一条染色体上。这就是基因的连锁定律。

但是连锁定律并不是那么牢不可破。摩尔根发现，让新一代的灰身长翅和黑身残翅果蝇继续繁殖，接下来的一代会出现小部分的灰身残翅和黑身长翅。这又作何解释呢?对此，摩尔根给出了合理的解释：染色体偶尔会发生断裂，与另一条染色体的对应部位交换，产生了新的基因组合。这就是基因的交换定律。

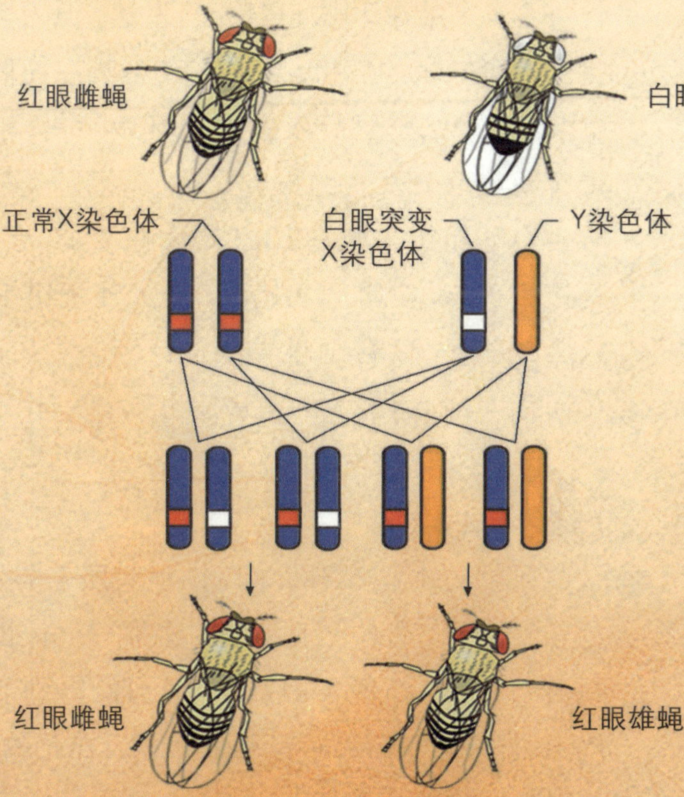

巨型稻：水稻中的巨无霸

巨型稻体形比一般水稻的体形大50%以上，每亩产量增加一倍，是我国科学育种技术的一个新的里程碑。

◎粮食危机

“民以食为天。”从古至今，饥荒都是人类面临的最大灾难之一。每一次大范围的饥荒，都会夺去无数人的生命。

虽然现在的科技已经相当发达，但人类并没有完全摆脱缺粮的危机。2020年8月2日，由联合国粮食及农业组织、国际农业发展基金、世界粮食计划署等机构联合发布的报告显示，新冠肺炎疫情可能导致全球饥饿人数在2020年大幅增加，会新增1.3亿饥饿人口，全世界将有6.9亿人处于饥饿状态。2022年4月，联合国世界粮食计划署宣布，人类或将面临“二战后最大的粮食危机”。

◎杂交水稻

不同的水稻品种之间，性状有所差异，比如有的颗粒饱满，有的稻穗较多。将拥有优良性状的水稻进行杂交，遗传基因互补，有可能得到兼具两种以上优良性状的新品种，这就是杂交水稻的原理。

20世纪60年代，美国就有科学家成功培育出品种优良的杂交水稻，之后，日本也开始进行杂交水稻的实验，但是没有重大成果出现。在我国，以袁隆平为代表的一批科研人员，经过多年的苦心研究，在技术上取得重大突破，杂交水稻技术开始大范围推广。杂交水稻比起普通水稻，亩产提高了25%，在我国的种植面积已经达到了1700多万公顷，该技术已推广到越南、菲律宾、印度、美国等国家。

◎太空育种

如果你在生活中看到胳膊那么粗的黄瓜，或者篮球那么大的茄子，可不要轻易就认定是道具、是假的哦。很有可能，它们是去太空走了一遭。

外太空的环境和地球迥然不同，那里没有重力，处于真空状态，且宇宙辐射较多。地球上的植物在这样的环境下，很容易发生基因变异。基因变异在地球上普遍存在，不过需要漫长的时间，需要几百年甚至是上千年。而在外太空的环境中，变异的概率会增加不少，有可能使植物的性状变得更加优良，比如使辣椒变得更大、更好吃。

◎巨型稻

2017年10月，经过十余年的研究，中科院水稻育种团队宣布成功培育出高产优质的“巨型稻”。“巨型稻”的稻株可以生长到2.2米，一根稻穗最多有500多颗稻粒，每亩产量高达800千克。2022年，“巨型稻”分别在湖南、浙江、江西、贵州、广东、天津等地试种成功。

“巨型稻”综合了多种优质水稻的基因：根系发达、茎秆粗壮、稻穗下垂、抗病性好、叶片角质层厚，而且弥补了杂交水稻口感不好的问题，更加适合人们食用。

◎多年生水稻

云南大学经过多年研究，于2022年10月测产成功，成功培育出可用于实际生产的多年生水稻品种。这意味着水稻也可以跳过每年的育种、插秧环节，可连续种植四年，每年收获两季，且平均亩产量还略高于一年生水稻。这不仅大大减少了生产成本，还能改善耕层土壤结构，增加土壤有机质含量，是一项生态友好的技术。

◎分子标记

遗传因子是自由组合的，所以杂交育种技术存在着不确定性。生物的性状都是由DNA决定的，如果能够直接知道优良性状的DNA，可以省去很多繁复的选种步骤。

假如我们可以得知一个性状的DNA序列，并且这个性状可以遗传，那么我们就得到了一个分子标记。通过检测稻种的基因组，就可以知道它是否适合作为培育材料，而不用将其培养成熟。通过显性基因标记，可以直接定位隐性基因和变异基因。“巨型稻”的育种过程就采用了这种办法，将如此多的优良性状聚集到一株稻子身上。

随着技术的进步以及对基因研究的深入，科学家们发现了快速干预基因的方法。如今，只要通过基因编辑手段，就可以迅速改变农作物的基因。基因编辑像一把“剪刀”，可以精准定位作物的特定基因。当基因被“剪断”后，细胞会修复断口并产生变异，让基因失活，从而不起作用。目前全球范围内应用的基因编辑主要是“做减法”，也就是让自身的一些不利基因失活，从而培育出高产、优质、抗病的品种。

核能：未来能源的希望

核能（或称原子能）是通过核反应从原子核释放的能量。核能是一种不可再生的清洁能源，有着巨大的潜力。

◎原子与原子核

世上的一切物质都是由原子构成的。原子分为两部分，原子核与围绕原子核的电子。原子核由质子和中子构成，它的体积很小，如果原子是地球，那么原子核就只有乒乓球那么大。但是原子核在一定条件下可以爆发出惊人的能量。

◎新的能量

在很长一段时间里，燃烧是人类获得能量的主要方式，火力发电至今在生活中仍占有重要地位。20世纪30年代，科学家们发现铀-235的原子核吸收了一个中子之后会分裂，同时伴随着巨大的能量。这种能量比化合反应产生的能量要大得多，1千克铀-235裂变产生的能量是1千克烈性炸药的2000万倍。这种反应称为“核裂变”。

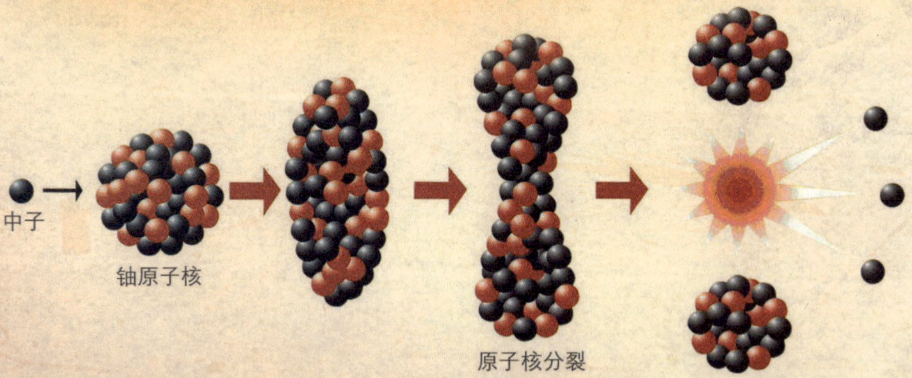

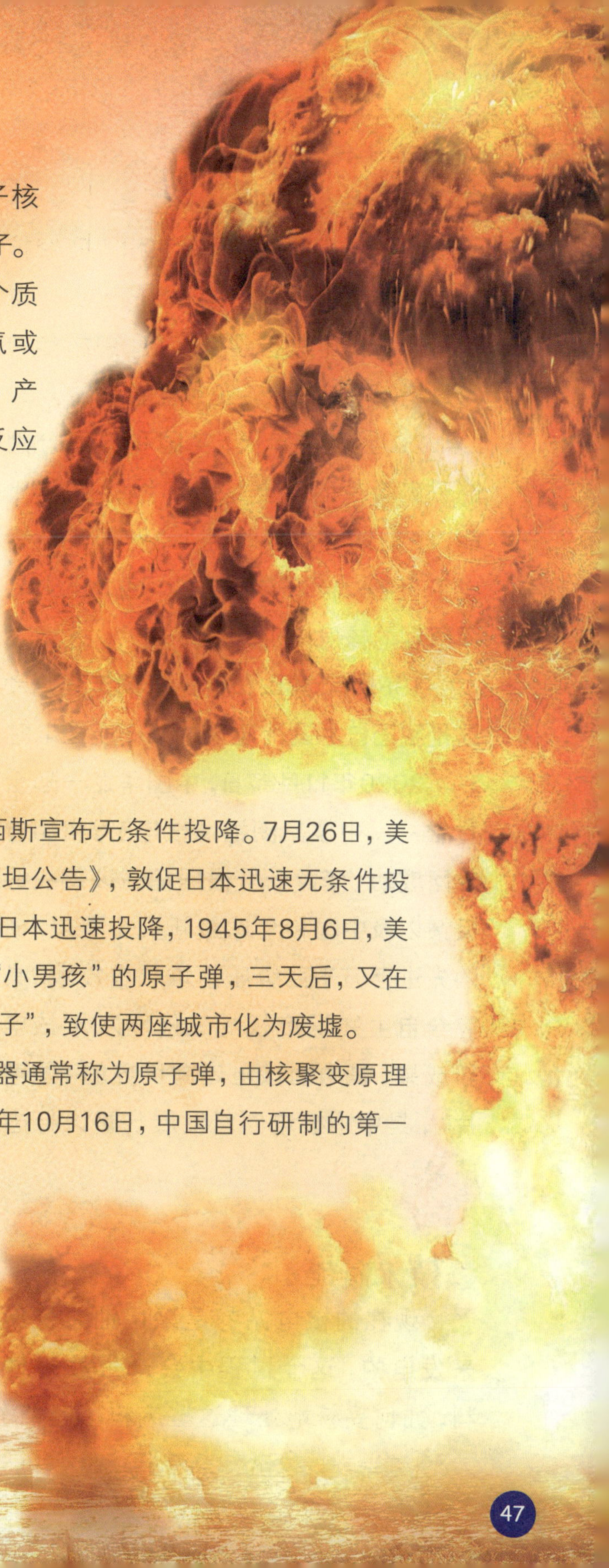

核裂变是指质量大的原子核分裂成两个或多个质量小的原子。后来，科学家发现，如果让两个质量比较小的原子核（主要是氘或氚）聚合，生成质量大的原子，产生的能量比裂变还要大，这种反应称为“核聚变”。

◎核武器

核能早期的利用是在军事上，用于制造人类历史上最可怕的武器——核武器。1945年5月8日，第二次世界大战接近尾声，德国法西斯宣布无条件投降。7月26日，美国、英国和中国联合发表《波茨坦公告》，敦促日本迅速无条件投降，日本政府置之不理。为迫使日本迅速投降，1945年8月6日，美军向日本广岛投下一枚代号为“小男孩”的原子弹，三天后，又在长崎投下第二枚原子弹——“胖子”，致使两座城市化为废墟。

由核裂变原理制造的核武器通常称为原子弹，由核聚变原理制造的核武器称为氢弹。1964年10月16日，中国自行研制的第一颗原子弹爆炸成功。1967年6月17日，中国又成功进行了首次氢弹试验，成为世界上第五个拥有核武器的国家。

◎核电站

战争结束后，各国都在积极研究核能发电。核电站最重要的设备是核反应堆，在核反应堆中进行裂变反应，将核能转化为热能，再将热能转变为电能。

20世纪50年代，美国和苏联分别建造了实验性的核电站。20世纪70年代初期，在前期实验的基础上，两国又陆续建成了“压水堆”“沸水堆”“重水堆”等不同原理的核发电机组。

1985年，秦山核电站一期工程启动，这是我国自主设计建造的第一座核电站。

2020年11月27日，中国华龙一号全球首堆——中核集团福清核电5号机组首次并网成功。华龙一号根据福岛核事故经验反馈以及中国和全球最新安全要求，研发的先进百万千瓦级压水堆核电技术，具有完全自主知识产权的三代压水堆核电创新成果，是中国核电走向世界的“国家名片”，是中国核电创新发展的重大标志性成果。

◎技术瓶颈

现在的核电站都是采用铀裂变反应来发电的，这个过程中会产生放射性废料，如何妥善地处理这些废料，至今仍是

反应堆堆芯

一个难题。

相比于核裂变只能采用铀作为燃料，核聚变的原料可以说是无穷无尽的。核聚变利用的燃料是氘和氚。海水中大约每6500个氢原子中就有一个氘原子，海水中氘的总量约为45万亿吨。每升海水中所含的氘完全聚变所释放的聚变能相当于300升汽油燃料的能量。可以说，核聚变是一种取之不竭的清洁能源。但控制核聚变要比控制核裂变复杂得多，人类至今还没有一座核聚变发电站投入使用。

◎核安全

核能的威力如此巨大，给人们的生活带来便利的同时，也令人们不得不思考核能的安全性问题。

切尔诺贝利核电站是苏联时期最大的核电站，位于乌克兰基辅州。1986年4月26日，该核电站发生大火，造成放射性物质泄漏。这是历史上最严重的核事故。核电站方圆7千米内的松树、云杉凋萎，1000公顷森林死亡，附近居民患病率急升，而且放射性物质的影响将持续100年。

2011年3月11日，日本东北太平洋地区发生里氏9.0级地震，继而发生海啸，并导致福岛第一核电站、第二核电站受到严重影响，发生核泄漏事故，第一核电站半径20千米范围内的居民被迫撤离家园。

面对可怕的核事故，国际原子能机构也通过了一系列《核安全公约》，敦促各国提高核安全水平。除此之外，各国也在积极研制新一代、安全性更高的核反应堆。

生物燃料：石油的替代品

生物燃料是由生物体所转化的固体、液体或气体燃料，它们可以代替部分石油燃料，是重要的可再生能源。

◎石油危机

石油是现代社会最重要的能源，被称为“工业的血液”，从汽车、飞机的燃料到生活用品的原料，石油对人类来说太重要了。

亿万年前，在地壳运动的作用下，大量的动植物被埋在了地下。在微生物、巨大的压力、地热等条件下，动植物的尸骸慢慢转化为了石油，这个过程长达数百万年。由于形成条件异常苛刻，石油的总储量有限，因此石油是一种不可再生资源。

从1973年到1990年，世界范围内接连爆发了三次石油危机，每逢石油危机，国际油价就会大涨，给各国的经济造成了巨大冲击。于是，人们积极寻找石油的替代品，各种生物燃料应运而生。

◎生物柴油

零废气排放：生物柴油的原料是植物油（花生油、大豆油、菜籽油等）和动物、微生物的油脂，这种百分百的绿色能源，不会制造任何有害气体。有用户在使用过大豆柴油后表示：大豆柴油燃烧之后的气味像炸薯条。

燃烧充分：生物柴油的燃烧性能要优于石化柴油，由于含氧量更高，因此点火性能更好，燃烧更加充分。

保护设备：生物柴油的黏度更高，会在发动机气缸内壁形成一层保护膜，增加零件的润滑性，提高机械寿命。

◎燃料乙醇

乙醇俗称酒精。淀粉在酶的作用下，会被分解为糖和乙醇。我国燃料乙醇的主要原料是变质的陈年粮食、红薯和高粱等。

燃料乙醇是浓度在99.5%以上的乙醇。乙醇可以作为石化燃料的替代品，也可以作为汽油的添加剂，帮助汽油燃烧得更加充分，而且具有一定的防爆炸作用。

◎随之而来的问题

美国波音公司是世界上最大的飞机制造商之一。2008年2月，一架波音747客机完成了世界上首次使用生物燃料的商用飞行。这次飞行以石化燃料为主，生物燃料占20%。之后，生物燃料的比例不断增加，时至今日，波音公司使用的生物燃料已经占使用比例的50%。并且，波音公司计划到2030年，其商用飞机将使用100%的可持续航空生物燃料。

中国乙醇汽油的消费约占全国汽油消费的20%，其比例还在逐年提升。

但是生物燃料的大规模发展也产生了新的环境问题，生产生物燃料需要消耗大量的农作物和水资源，这两者也不是无限可用的资源。大规模种植单一的农作物也会使生态环境遭到破坏。现在，我国已经停止使用粮食生产生物燃料，正在积极推广第二代生物燃料。

◎第二代生物燃料

生物燃料在发展过程中，造成了新的环境问题，为改变这种情况，第二代生物燃料应运而生。

第二代生物燃料更加注重生态效应，以农林废弃物、非粮食作物为主要原料，比如杂草、秸秆、甘蔗渣、木屑等。我国每年大概要产生7亿吨秸秆，原料来源非常丰富。传统的处理秸秆的方法是将其焚烧，但如果拿来制造燃料，既能节省粮食，又能解决农民的麻烦，还能避免焚烧造成的空气污染。

麻风树的种子和叶子都含有毒素，可以用来制造肥皂、润滑油和药物。麻风树生长迅速，生存能力强，能够适应干旱的环境，是植树造林、绿化荒山的好品种。近几年的研究发现，麻风树果实含油率高达60%，是生物柴油的绝佳原料，再加上麻风树超强的“身体素质”，现在已经成为我国重点开发的绿色能源树种。

藻类植物在陆地和海洋分布都十分广泛，而且繁殖迅速，对光线的吸收能力要比农作物强得多。尤其是微藻，其干细胞中70%以上都是微藻油，是合成生物燃料的绝佳原料。美国还培育出了一种新的藻类，可以在没有光线的情况下将其他植物的能量转化为燃料，降低了成本，增加了产量。

高科技玻璃：工作生活的好帮手

玻璃是一种无规则结构的非晶态固体，主要成分是二氧化硅和其他氧化物。建筑物、汽车上随处可见玻璃的身影，人们用它来透光、挡风。

◎偶然的发明

古埃及人最早发明了玻璃。根据考古发现，早在4000年前，在古埃及和美索不达米亚就出现了玻璃。

据历史学家普林尼的研究，玻璃的发明是一个偶然。一群商人在海边做饭时，灶上的硝石与海滩上的沙子混熔后出现了一种清澈的液体，这种液体冷却后就是玻璃。

17世纪时，欧洲的玻璃工业发展迅速，新技术不断被开发出来。随着新技术的大规模应用，大面积的玻璃镜和平板玻璃相继出现，玻璃成了最普遍使用的生活用品之一。

随着科技的进步，科学家们开始赋予玻璃一些特殊的“能力”，神奇的玻璃纷纷问世，壮大了玻璃家族。

◎超级玻璃

总是担心玻璃会被摔碎？超级玻璃来帮你。这种新型玻璃中加入了微量的钯元素，它抵消了玻璃材料不可避免的易碎性，使玻璃变得比钢铁还要坚固。超级玻璃的柔韧性也很好，一片头发丝那么薄的超级玻璃，能够像纸张一样轻易地卷起来。

◎调光玻璃

调光玻璃，全名叫作电控调光玻璃，是一种利用通电来调节光线的玻璃。这款玻璃的原理并不复杂，只是将一层液晶膜夹在两块玻璃中间。当液晶膜通电的时候，玻璃就会变透明，关掉开关之后，液晶膜的排列就会错乱，这样玻璃就变成不透明的了。

调光玻璃既保证了视野的开阔性，也能保护日常隐私，还可以当作投影幕布使用，在上面欣赏电影。

◎警报玻璃

警报玻璃是匈牙利一家研究所研制的，这种玻璃为多层结构，每层中间嵌有极细的金属导线。如果有盗贼将玻璃击碎，与金属导线相连接的警报系统就会立即发出报警信号，大大提升了住所的安全性。

◎自洁玻璃

20世纪70年代，植物学家巴特洛特在研究植物叶片时发现，光滑的叶片表面有灰尘，要先清洗才能在显微镜下观察，但是莲叶的叶片表面却总是干干净净的。原来，莲叶表面的特殊结构具有自我清洁功能。

莲叶的表面有一层茸毛和一些微小的蜡质颗粒，水在这些微小颗粒上不会向莲叶表面的其他方向蔓延，而是形成一个个球体，就是我们在莲叶上看到的滚动的雨水或者露珠，这些滚动的水珠会带走叶子表面的灰尘，清洁叶片表面。这就是“莲花效应”。自洁玻璃就是根据这种原理制造的。日本东京大学发明了一种二氧化钛涂层玻璃，能防止污垢和水滴聚积于表面，从而达到自动清洗的效果。

◎电致变色玻璃

2016年8月，美国麻省理工学院的一个研究团队研发出了一种新型材料，它可以让玻璃自动变色，人们将不再需要挂窗帘。没有电的时候，玻璃是透明的，通上电流后就有了颜色，还能通过改变电流的大小来更换颜色。

◎监测污染的变色玻璃

美国加州大气污染观测实验室研制出一种能监测大气污染的变色玻璃。这种玻璃接触到污染气体时能改变颜色，例如当接触到酸性污染气体时变成绿色、当接触到含胺气体时变成黄灰色等，用它来制作污染监测材料具有广泛的用途。

◎信息存储玻璃

日本德岛大学发明了一种能储存信息的玻璃，工作过程有点类似于光盘。它在储存信息的时候，先用光学显微镜将激光集中在玻璃内部的某一点上，30微秒就可以完成一次照射，留下一个记录斑点，通过激光扫描斑点就可以读取信息。

◎单向透视玻璃

在刑侦剧中，我们经常可以看到这样的画面：犯罪嫌疑人在审讯室里接受问话，其他警员在一扇玻璃后观察他的表情，判断他是否说谎，而犯罪嫌疑人看到的却是一面普通的镜子。这块玻璃就是单向透视玻璃，也叫单反玻璃、单向玻璃、单向可视玻璃。这种玻璃一面透明，而另一面则不透明。

这种单向透视是利用光学反射的原理来实现的。生产这种玻璃的时候，在一面镀上一层高性能感光材料，在有可见光的环境里，这种材料具有相当强烈的反射效果。在光线照射下，它就是一面明晃晃的镜子，从外面看不到里面，而从里面可以很清晰地看到外面。

石墨烯：新材料之王

石墨烯是一种新型的纳米材料，它只有一个原子那么厚，但是，它的强度却是目前已知的材料中最高的，导电性和导热性也是目前已知的材料中最好的。

◎石墨烯是什么

石墨烯本就存在于自然界中，石墨就是由一层层的石墨烯堆叠而成的，你用铅笔在纸上轻轻地一划，就有可能得到一层石墨烯。

你可以把石墨烯想象成一张铁丝网，碳原子整整齐齐地组合成一个个正六边形。一直以来，石墨烯被视为一种假想型的结构，无法单独存在，直到2004年，英国曼彻斯特大学的物理学家安德烈·海姆和克斯特亚·诺沃塞洛夫发明了一种方法：将薄薄的石墨片的两面分别粘在特殊的胶带上，撕开胶带，就能把石墨片一分为二，不断地重复这样的操作，就可以得到石墨烯。两位物理学家也因此获得了2010年诺贝尔物理学奖。

石墨烯具有很多优点。

最薄：石墨烯的厚度只有0.335纳米，把20万片石墨烯叠在一起，也只有一根头发丝那么厚，只需要几克石墨烯，就能覆盖整个足球场。

最硬：石墨烯比钻石还要

坚硬许多，强度是钢铁的几百倍。如果用石墨烯制成塑料袋那么厚的薄膜，这种薄膜可以承受两吨重的物体。

超高韧性： 石墨烯不仅硬度很高，很难断裂，而且它的弹性出奇地好，就像塑料袋一样，可以拉伸、折叠、弯曲或者卷起来。

导电和导热： 石墨烯是世界上目前已知的导电性最好的材料，电子在石墨烯中移动的速度要比在传统材料中快得多，电阻比起铜、银和硅晶体都要小，日常生活使用的塑料是绝缘的，但是只要在其中加入1%的石墨烯，就会变成良好的导体。石墨烯也是目前导热系数最高的碳材料。

◎柔性显示屏

柔性显示屏只有一张纸那么薄，可变形可弯曲，即使切掉电源，内容也不会消失，也被叫作“电子纸”。其显示的清晰度、精细度和艳丽度也比液晶屏要好，因此受到各大厂商的钟爱。石墨烯就是制作柔性显示屏的主要原料。目前，多款可折叠屏幕的智能手机已进入人们的生活。

◎超级电池

2011年，美国科研人员利用石墨烯研制出了一种新型电池，该电池容量大、功率高、寿命长，最重要的是，只需要短短数秒钟就可以完成充电。2018年年初，浙江大学研制出新型“铝－石墨烯电池”，不仅充电快、电力足，而且具有耐热、抗冻等优良特性。

电池是新能源汽车、飞机等领域发展的一大限制因素，石墨烯技术的突破将带动多方面的发展。也许很快，“充电10分钟，行驶1000千米”将成为现实。

◎太空电梯

根据美国科研人员透露的消息，以石墨烯的物理特性，完全可以制造出通向太空的电缆。预计，该电缆长达2.3万千米，上面可以搭载电梯间，人们可以乘坐电梯进入太空旅行。当然，这个方案现在还处于设想阶段，但从中可以看出，科学家们对于石墨烯寄予厚望。

◎改变世界

石墨烯被称为“黑金”，有科学家预言，石墨烯将在21世纪彻底改变人们的生活。从药物到计算机，从汽车到航天器，石墨烯将在各个领域引发技术革命。

石墨烯的原子结构非常稳定，因此，用石墨烯制成的晶体管在单个原子的尺度上仍然能够稳定工作，而用硅制成的晶体管，在10纳米左右的尺度下就会失去稳定性；同时，电子在石墨中的移动速度也比在硅中要快。早在2012年，IBM公司就已经宣布他们研制的石墨烯晶体管的工作频率达到100GHz，超越了同等尺寸的硅晶体管。

纳米氧化石墨烯可以被细胞吸收而且不会产生毒素，这种材料对小分子药物有较强的吸附能力，可以利用它精准地把药物运输到病灶，是最佳的药物载体。

中国在石墨烯研究上具有独特的优势，作为石墨烯生产原料的石墨，在我国储能丰富，价格低廉。目前，石墨烯在我国已经初步实现了产业化，在制造业发展中具有重要战略地位，在电化学储能、海洋工程、柔性电子器件、重大环保技术装备、汽车、航天航空行业等领域都有较为广泛的应用。2022年，清华大学集成电路学院团队首次制备出亚1纳米栅极长度的晶体管，这也是目前栅极长度最小的晶体管。该团队巧妙利用石墨烯薄膜作为栅极，通过石墨烯侧向电场来控制垂直的二硫化钼沟道的开关，从而实现等效的物理栅长为0.34纳米。石墨烯单原子层厚度和优异的导电性能，终于被实验性地体现在芯片上。

液态金属：会流动的奇妙物质

液态金属没有固定的形态，它们在常温下呈液态，可以像水一样流动，但是它们拥有金属的特性，具有良好的导电性和导热性。

◎水银家族

说到液态金属，你可能第一时间想到的是水银，也就是汞。不错，自然界天然存在的液态金属只有水银，它虽然有很多用途，但是它的蒸气有剧毒，使得人们都对它敬而远之。我国将于2026年全面禁止生产含汞体温计和含汞血压计产品。

事实上，熔点比较低的金属或合金材料都属于液态金属，水银是其中名气最响的，它的兄弟姐妹却要“低调”得多。金属镓的熔点是29.8℃，金属铟的熔点为156.61℃。科学家们按照一定的比例把它们制成合金，就可以得到在常温下呈液态的镓铟合金。

◎金属玻璃

普通的固态金属，其原子排列是井然有序的，这种材料被称为晶体。而液态金属是一种非晶体，它的原子排列是无序的、杂乱的，类似于玻璃。普通的金属在受到打击、挤压时，晶体结构遭到破坏，晶格塌陷，从而导致永久变形。而液态金属在变形之后，很容易恢复成原来的形状，可以制成一种敲不碎、砸不烂的金属“玻璃”。

◎注塑成型

在利用模具制造金属零件时，液态金属具有相当大的优势。

流动性： 在常温下可以保持较好的流动性，节省铸造成本，再复杂的模具，都可以完美填充。

精度： 普通金属在降温冷却后，体积会缩小不少，但是液态金属在固化后，体积缩小率仅仅只有0.02%。

无须打磨、抛光： 液态金属成型后，表面光滑如镜，可节省打磨、抛光的工序。

高强度： 液态金属的强度是铝合金、镁合金的10倍，是不锈钢、钛合金的1.5倍以上，并且不会发生永久变形。

耐腐蚀： 不用进行防腐处理，就可以达到不锈钢级别的防腐效果。

◎电路印刷

2013年6月，中国科学院使用液态金属作为原料，利用3D打印技术，直接在材料上印刷出了电子电路。液态金属导电性良好，并且不容易被磁化，电路寿命较高。常规的电路板，尤其是较为复杂的电路板，制造耗时、耗材，利用电路印刷技术就可以大幅节省材料和时间。

◎液态金属机器

2015年，中国科学院理化技术研究所清华大学医学院联合研究小组发明了世界上首个液态金属机器：将镓铟合金浸泡在氢氧化钠溶液中，无需电力就可以自主运动长达1小时，并可以根据环境进行变形。更令人惊讶的是，研究人员发现液态金属竟然具有“动物的性质”。

进食：液态金属可以通过摄取一片铝箔来获得能量，完全摆脱了电力系统。

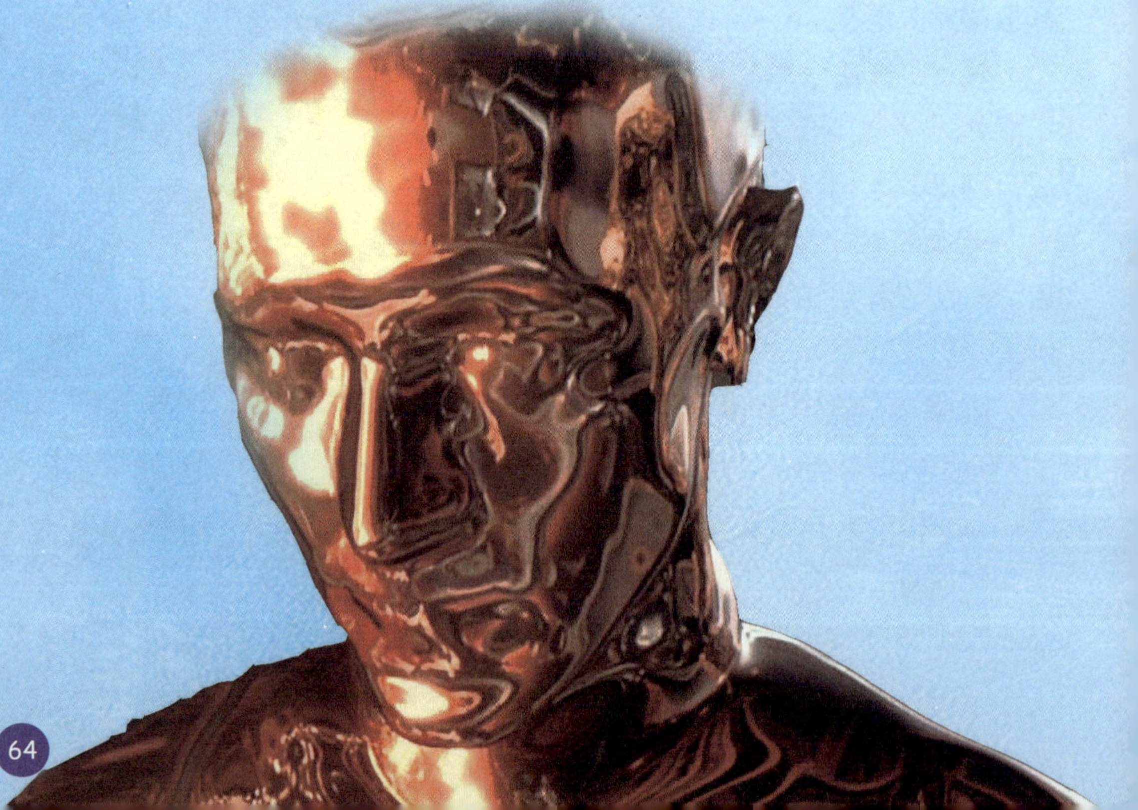

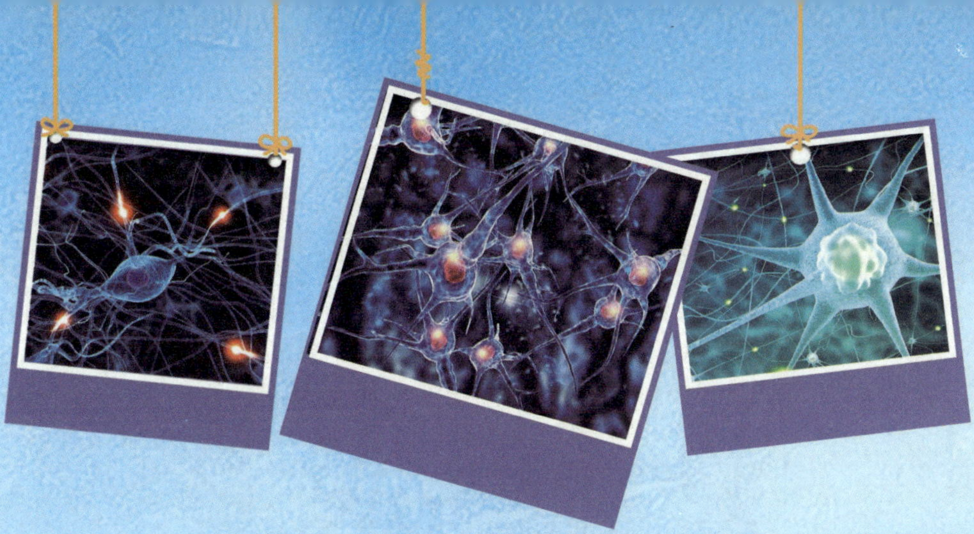

跑动：液态金属在“吃掉”铝箔之后，就变得“精神奕奕”起来，能欢快地四处“跑来跑去”，在电场的作用下，液态金属甚至可以在石墨表面“爬坡”。

变形：在电场的作用下，液态金属可以从一个小球变成一张面积很大的薄膜，反过来也可以。在“跑动”的时候，它还会根据空间的宽窄调整“体形”。

胞吞效应：自然界中的细胞，会主动吞噬周围的颗粒，液态金属同样具有这样的性质。在电场的作用下，液态金属会快速地把周围的颗粒吸入体内。

液态金属机器的问世，为今后发展高级的柔性智能机器人技术开辟了全新途径，具有十分重要的科学意义和实际应用价值。

◎神经修复

液态金属还可以用来修复受损的神经。神经网络遍布人体，神经损伤是医学上的一大多发病。神经修复期间，如果能将神经信号高效地传递到目标，修复速度将大大提升。科研人员曾使用镓铟锡合金为一只坐骨神经断裂的牛蛙进行“手术”。“手术”后，牛蛙的坐骨神经可以正常地传递生物电信号。这种合金无毒无害，导电性能极佳，不与身体组织发生反应，在神经修复之后，可以完整地取出，没有副作用。

陶瓷：古老又新颖的万能材料

陶瓷是陶器和瓷器的总称，是以天然黏土以及各种天然矿物为主要原料，经过粉碎、混炼、成型和煅烧制成的器具。

◎与中国同名

中国是陶瓷的故乡，英文中的“China”一词，既代表中国，也代表瓷器。

陶瓷出现在新石器时期。河北徐水区南庄头遗址发现的陶器碎片经鉴定约为10000年前的遗物。在江西万年县、广西桂林甑皮岩、广东英德市青塘等地也发现了距今7000到1000年的陶器碎片。

瓷器由陶器发展而来。宋朝时期，瓷器产业飞速发展，瓷器开始输出到东南亚和欧洲，受到各国人民的追捧。

◎新型陶瓷材料

20世纪中叶之后，计算机、电子、空间技术迅猛发展，人类迫切需要功能更加强大的工业材料。于是新型陶瓷材料应运而生。

传统陶瓷是以黏土为主要原料烧制而成的，成分中含有硅酸盐。新型陶瓷材料是不含硅酸盐的化合物陶瓷，它是以人工合成的无机化合物为原料，采用精密控制工艺烧结而制成的高性能陶瓷，是一种新型无机非金属材料。

新型陶瓷已经成为现代工业的基础材料之一，在航空航天、核能、信息技术等领域都有重要用途。

◎结构陶瓷

结构陶瓷又称工程陶瓷，这种陶瓷主要利用陶瓷的力学性能，比如高强度、高韧性、耐磨损、高硬度、耐腐蚀等，主要种类有高强度陶瓷、高温陶瓷、超低温陶瓷、高韧性陶瓷、超硬度陶瓷和纳米陶瓷等。

◎功能陶瓷

功能陶瓷利用的是陶瓷的非力学性能，比如电、磁、光、声、热等性能，主要有电子陶瓷、敏感陶瓷、光学陶瓷、生物陶瓷、磁性陶瓷和超导陶瓷等。

◎氧化铝陶瓷和碳化硼陶瓷

氧化铝陶瓷又叫作“人造刚玉”，它熔点特别高，非常坚硬，而且可以制作成透明的外观。碳化硼陶瓷的熔点在2000℃以上，化学性质稳定，绝缘性好，硬度接近金刚石。

武装直升机是现代陆地战争的重要装备，为了增强武装直升机的作战性能，提高驾驶员的战场生存能力，科学家在座椅和一些关键部位加入了氧化铝陶瓷和碳化硼陶瓷。

◎陶瓷轴承

用新型陶瓷制成的轴承，耐高温、耐低温、耐磨损、耐腐蚀、质量小、表面摩擦力小、转速快，现在已经广泛应用于航空航天设备中。2007年，我国和巴基斯坦共同投资开发的“枭龙”战斗机开始服役，它的机身上就有不少陶瓷轴承。随着科技的进一步创新，混合陶瓷轴承将会成为国家高端武器装备和航天领域在轴承方面的主力军，而中国也成为继美国、日本等国后，第五个能大批量生产航空航天陶瓷轴承的国家。

◎陶瓷隔膜

电池在现代工业和现代生活中必不可少，大到卫星，小到手表，都需要电池来提供电力。电池寿命是制约电池科学发展的一个重要因素，尤其是卫星上使用的电池，要求使用寿命达到15年。

如果电池的正负极不经过电器而直接接触，就会形成短路。短路通常伴随着巨大的热量，很容易烧毁电池甚至器械。一般在锂电池的内部，都会有隔膜将正负极分隔开来。新型陶瓷是制造隔膜的最佳材料，它绝缘性极佳，而且抗腐蚀，可以大大延长锂电池的使用寿命。

◎陶瓷和海绵

陶瓷是硬邦邦的，海绵是软乎乎的，这两种东西看起来风马牛不相及，但一个科研团队却偏偏将它们结合在了一起。2018年5月，中国一个研究团队研制出了一种新型的材料，这种材料表面布满了100纳米至1微米大小的网孔，因此这种材料拥有海绵的轻质和柔软性，可以实现快速地变形和复原；同时也拥有陶瓷的耐火性和硬度，即使在1100℃的高温下也不会影响其物理性质。

这种新型材料的诞生，解决了我国歼-20战斗机的最后短板。歼-20是我国自主研制的第五代隐形战斗机，但是歼-20尾部的红外信号比较强，使它的隐身功能有了瑕疵。新型陶瓷材料不仅具有电磁屏蔽性，还具有耐高温性能，能够明显减弱歼-20战斗机的红外信号。

2022年1月，中国西北工业大学使用新型陶瓷基复合材料打造的航空发动机整体涡轮盘成功实现首飞。作为六代机最核心，也是最难攻克的技术之一，它的成功首飞，标志着我国航空发动机技术取得了里程碑式的进展，同时也为最新代战斗机的研发制造奠定了基础。

3D打印：为您量身打造

3D打印通过逐层打印的方式来构造物体，该技术以数字模型文件为基础，以粉末状金属或塑料等可黏合材料为原料。

◎传统打印

打印机是现代办公的重要设备。工作人员在电脑上将文字或者图像进行排版，再把打印机同电脑相连，就可以在纸张或者其他介质上得到需要的平面图。

1976年，首台喷墨式打印机问世。后来，工程师们又逐渐开发出激光打印机、静电打印机、磁式打印机等不同工作方式的打印机。

◎快速成型

你知道你手中的签字笔是如何制造的吗？设计师们先将设计图画好，之后由模具部门的人根据设计图做好模具，生产车间的工人们往模具中注入材料形成笔的各个部件，然后由装配车间将各部件装配起来，最后再由印刷车间的工人在笔身贴上标签。一支笔就这样产生了。

随着技术的进步，20世纪90年代兴起了一种新的工业制造技术——快速成型技术（Rapid Prototyping，简称RP）。快速成型技术是众多先进技术的集合产物，包含计算机辅助设计、计算机辅助制造、计算机数字控制、精密伺服驱动、激光和材料科学等。

生活中，你一定吃过薯片，也就是一个立体、饱满的土豆被切成的许多薄薄的土豆片。而快速成型技术的原理就和这些被切薄的土豆片类似：任何三维的物体都可以被“切成”许多的二维平面。计算机设计好物体的三维模型，再对其进行分层“切片”，机械装置会将这些“切片”制作出来，再把它们一层层黏合，得到预想中的物体。

◎3D打印

快速成型被形象地比喻为“立体打印机”，因此，现在国内的一些媒体喜欢把快速成型技术称作“3D打印”或者“三维打印”。实际上，快速成型领域包含了激光固化、激光熔融、熔融沉积、3D打印等多种技术。

其中，3D打印设备拥有体积小、易操作等优点，在日常生活中应用越来越广泛，逐渐为普通人所熟知。

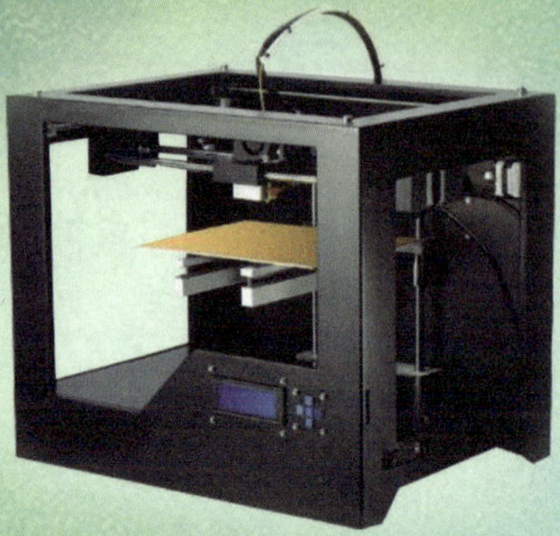

◎优越性

3D打印与传统打印原理基本相同，只不过打印材料从纸和墨变成了塑料、金属、橡胶等。基本上日常生活所用的东西，都可以通过3D打印技术制造出来。

在传统工业中，利用模具是一种较为节省原料的制造方法。但是3D打印摆脱了制作模具的环节，而且可以做到原料的“零浪费”，是一种更加省时、省成本的制造方法。

◎私人订制

3D打印没有固定的模具，需要的只是计算机中的三维模型，十分适合为有特殊需求的人群量身打造产品。

在购买服装的时候，每个人都希望买到既美丽又合身的衣服，使用3D打印技术，不仅可以根据自己的喜好设计样式，而且只要将自己的体形数据输入计算机，就可以制造出最合身的衣物。

2014年8月，10栋办公建筑在上海张江高新青浦园区内交付使用，这10栋建筑的墙体采用3D打印技术制作，仅仅花费了24小时。在不久的将来，完全依靠3D打印的房屋也将问世，到时候，建筑者就可以完全按照户主的要求规划空间、设计风格，使房屋也有自己的“个性”了。

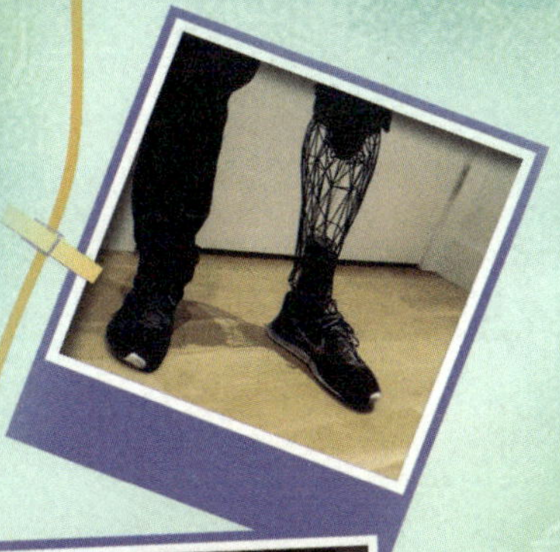

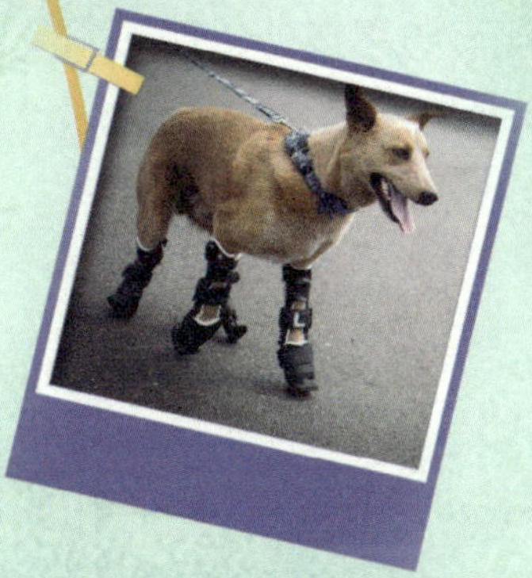

◎3D打印前景广

3D打印技术可以应用在建筑、医疗、太空等各种高科技领域。

利用3D打印技术可以先制作出患者的体内器官模型，这样，医生们就可以进行手术的预演，增加手术的成功率。2014年8月，北京大学研究团队成功为一名12岁男孩植入了3D打印脊椎，属全球首例。3D打印脊椎可以很好地与人体骨骼结合，缩短康复时间，并且未来不会出现松动的情况。

2015年10月，世界首创的3D生物血管打印机在我国问世，仅2分钟便打出10厘米长的血管。

2020年5月5日，中国首飞成功的长征五号B运载火箭上，也搭载着一台“3D打印机”。这是中国首次太空3D打印实验，也是国际上第一次在太空中开展连续纤维增强复合材料的3D打印实验。

高科技面料：无所不能的衣服

随着社会的进步与科技的发展，人们已经不满足于衣服的装饰和保暖功能，而是需要衣服拥有多种特殊本领。

◎衣服小历史

早在人类文明起源的时候，先民就开始制作衣服。那个时候的衣服很简单，将树叶、树皮编织起来，或者裁剪一块兽皮，一件衣服就做成了。

随着生产力的发展，人类的手艺越来越好，慢慢发明了皮革、麻布、丝绸、呢绒、棉布等多种面料。人们可以根据自身的喜好和需求，自由选择。

◎衣服的功能

衣服可以保护人体。冬天寒风刺骨，厚厚的衣服可以使身体保持温暖；夏天阳光毒辣，衣服可以保护皮肤不被晒伤。

衣服是人类最好的装饰品，每个人都希望能找到最适合自己的衣物。穿着整洁大方可以令自己的形象提升一个档次；而穿衣不当，可能会影响他人对自己的印象。

现在，人们对衣服的要求越来越高了，衣服的功能也渐渐变多了。

◎防水透气的衣服

当你进行一次长跑之后，满身大汗，感觉身上很不舒服，但是你又不能把衣服脱了，因为这时候脱衣服很容易感冒，碰巧这时又下起了小雨，这该怎么办呢？

用防水透气面料制成的衣服就可以帮你解决这个问题。它由高分子防水透气材料和普通布料复合而成。你身上的汗液可以通过蒸发透过这种面料，不会浸湿衣物，而且只允许小分子的水蒸气通过，天上掉下的雨滴则无法通过。

◎无法燃烧的衣服

普通的布料很容易被点燃，消防员如果穿着普通的衣物，很难在危险的火灾现场进行救援，耐燃、耐热的消防服应运而生。

消防员们所穿的消防服是用阻燃面料制成的，阻燃面料将阻燃剂通过聚合物聚合、共混、共聚复合纺丝，使面料具有永久性阻燃特性。现在的消防服已经升级到不仅能够抗高温、阻燃，而且可以阻挡一定的化学物侵蚀。

◎会变色的衣服

变色龙会根据环境的颜色变换皮肤的颜色。科学家们从变色龙那里得到灵感，发明了变色纤维材料，使衣服变得绚丽多彩。

变色面料根据原理的不同，分为光敏变色面料、热敏变色面料和湿敏变色面料等。光敏变色面料经阳光照射后，会变成其他颜色，进入屋内就会变回原来的颜色。热敏变色

面料在温度过高或者过低的环境里，面料本身的颜色会发生改变。湿敏变色面料在被水打湿之后，颜色会发生很大变化。

◎能杀菌的衣服

纳米（nm）是一个长度单位，只有十亿分之一米。用纳米材料制成的纤维，其纤维直径只有棉纤维的千分之一，不仅穿起来很柔软，还可以有效地隔绝灰尘。

而且，纳米衣物的一个重要作用就是可以杀死肉眼看不到的细菌和病毒。纳米织物表面有一层棉纤维，其中含有纳米级大小的银粒子和钯（bǎ）粒子，这两种物质对于空气中的污染物有很强的破坏作用，保护人们不被细菌和病毒侵害。

◎智能衣

你能想象出这些智能衣吗？能够读出人心跳、体温、呼吸频率的衬衫，能够自动播放音乐、打电话的外套，能够根据穿衣者的情绪随时变幻文字与图像的T恤……

在不久的将来，数码产品与衣服的界限会越来越模糊，电子产品能够完美地“隐藏”在服装里，使服装变身为一台“穿”在身上的计算机，随时随地为人类提供服务。

智能家居：神通广大的“贴身管家”

智能马桶有着很多特殊的能力：自动清除污渍、自动除臭、按摩、医疗保健等，它为人们的健康生活提供了便利。

◎古而有之的梦想

能有个“贴身管家”无微不至地照顾自己的生活起居，可能是许多人的梦想。中国民间故事《田螺姑娘》，寄寓的就是这种美好愿望——家里有个勤劳的姑娘，替我们打扫卫生、做饭洗衣、聊天解闷……

这位“田螺姑娘”穿越到现在，就变成了智能家居。

所谓智能家居，就是使用自动化技术、通信网络、计算机技术等，把家里各种电子设备连接到一起，高效、人性化地处理日常事务，为人们提供安全、便利、舒适、环保的居住环境。

智能家居最早源于1984年美国的一幢“智能型建筑”，此后一步步发展，技术迭代，日新月异，不仅使我们现在的生活更加便利，也让我们对未来充满想象。

◎智能家居单品

智能的门锁、电视机、音响、电饭煲、空调……还有烟雾探测器、电动窗帘等智能家居单品，只要通过遥控器或手机App就能进行远程操作。

想象一下，朝九晚五的上班族，在下班前打开手机App遥控家里的电饭煲开始煮饭，让窗帘拉拢挡住夜色，室内温度舒适怡人，音响开始播放轻柔的音乐……回家打开门的瞬间，等待着的是一个舒适温馨的家……

这样便利的操作，大大提升了人们的生活品质。

但这种“一对一”的操控，还是不够方便，有没有可以“一对多”或者索性能统一控制的选择呢？

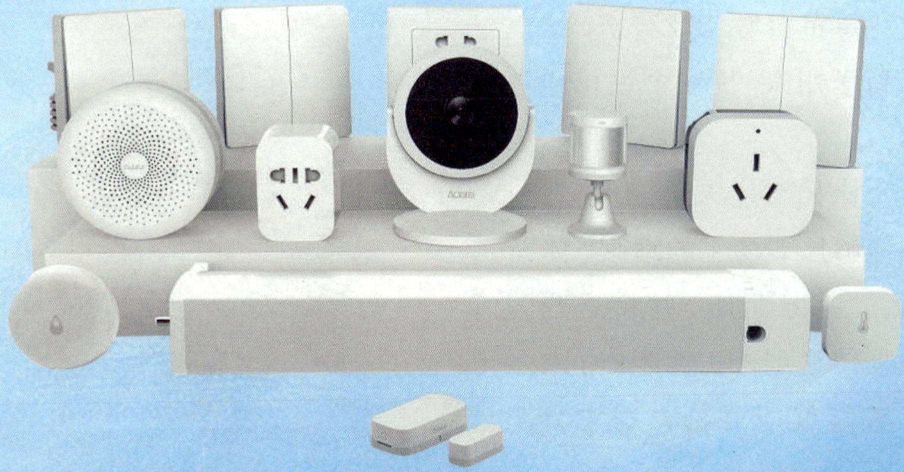

◎智能家居系统

看过《钢铁侠》的人，一定会对电影里的智能家居系统印象深刻——人体感应器发现房主起床后，就会向智能系统发送信息，系统立刻指挥窗帘打开，让阳光照射进来，同时，咖啡机、音响系统等也开始动作，为房主的新一天做好准备……

这就是目前智能家居领域正在努力的场景。在我国，许多智能单品比如门锁、报警器等已不再依靠遥控器和App控制了，而能够对房主的语音、人脸、手势等识别后自动工作。窗帘、灯光、空气净化器、空调等，则能通过对光线、空气质量等判断后自动开关……

但目前，能够统一操控一间房子里所有设备的通信网络，依然是个有待攻克的难关。美国、加拿大、英国等国家几家最先进的智能家居公司正致力于这项研究。

◎人工智能服务

人工智能的发展对智能家居影响巨大，今后，可能人人都将拥有一个神通广大的私人管家。因为人工智能的最大特点是自主学习和数据分析，它能通过对房主的生活习惯、健康状况、情绪变化等进行数字化分析，结合科学知识，提供个性化的服务。

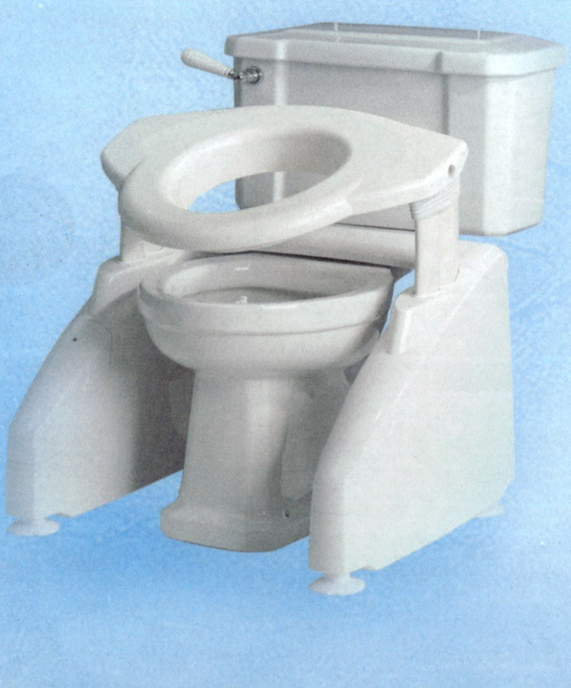

比如智能床垫、智能马桶能够监测房主的睡眠、体重、心率、血压，并将这些数据传送到人工智能处。人工智能就能立刻为房主分

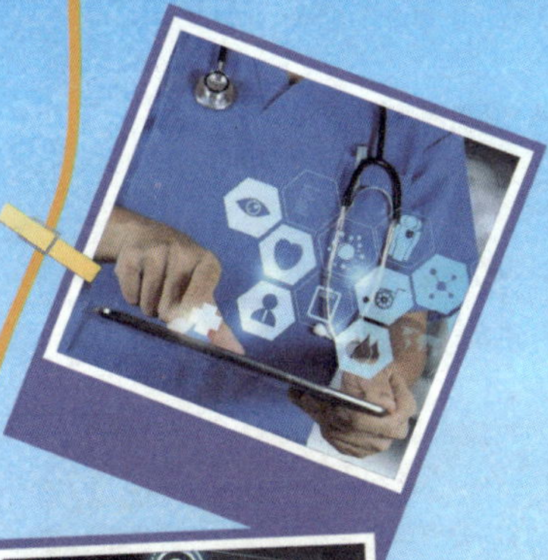

析健康状况，并提供合理建议，自动为房主调节屋内的最佳温度、光照、音乐，甚至代为联系医生、拨打急救电话。

此外，人工智能还能提供聊天、陪伴等服务，尤其在照顾老年群体上，既能管理家务和健康，还能带来精神上的愉悦。

◎机遇与挑战

无须怀疑，智能家居一定是人类未来生活的总趋势，市场需求、5G技术以及研发、生产资金的投入，是智能家居能够大踏步前进的机遇。

同时，我国的智能家居发展也面临着一些挑战。比如芯片是智能家居发展不可或缺的关键一环，但在这两年，由于新冠疫情和国际形势的双重影响，我国芯片供求出现短缺，使得智能家居发展受到了不小的冲击。

还有一大挑战是安全性。随着众多先进技术的融合应用，智能家居中的隐私问题也凸显出来。一些本身存在安全隐患的技术，让黑客有了可乘之机，对用户数据和隐私产生威胁。

绿色环保建筑：房子也是节能好手

绿色环保建筑是对环境无害、充分利用环境自然资源、不破坏生态平衡的建筑，又叫作生态建筑、可持续发展建筑。

◎建筑业的环保风潮

20世纪60年代以来，世界人口急剧增加，资源短缺，地球的生态系统遭到严重破坏，人类的生存环境越来越恶劣。

在严峻的形势面前，建筑师们逐渐意识到，在城市的建造和规划中，必须将可持续发展作为一项重要的指标。1990年，英国公布了世界上首个绿色建筑标准，之后，各国相继推出自己的绿色建筑准则。2006年，我国住房和城乡建设部正式颁布了《绿色建筑评价标准》，之后《绿色建筑评价技术细则》和《绿色建筑评价标识管理办法》相继出台，我国的绿色建筑评价体系逐渐完善。

各国的绿色建筑标准都有所差别，但是大体上都遵循“四节”标准：节能、节水、节地、节材。

◎充分利用太阳能

我们平时的生活用电，基本通过密布的电网来供给。而现在的一些大型绿色建筑利用光伏来发电，已逐渐成为一种趋势。

光伏是太阳能光伏发电系统的简称，它可以把太阳光的辐射能直接转化为电能。绿色建筑除了在楼顶上铺设太阳能电池板，还会在墙体上安装玻璃幕墙，以此扩大电池板的受光面积。一般的大型建筑可以放置上千块的太阳能电池板，电池板连接着位于地下的发电控制室，由控制室控制安排电量的合理使用。

很多高楼大厦采光效果并不好，就连大白天都要开灯照明，这无疑是一种浪费。为了解决这个问题，建筑师们想出了多种方案。

一种方案是改变传统建筑的封闭式结构，使更多的阳光可以照进建筑。马来西亚的那亚大厦就用这种方法，所有的电梯和卫生间都采用自然光照明。

另一种方案是光导管照明系统，使用采光罩最大限度地采集自然光，并将其导入系统，再经过特殊材料制成的导光管传输到漫射装置，均匀、高效地照射到室内，在阴天也可以使用。2008年北京奥运会期间建成的北京科技大学体育馆就使用了这套系统。

◎雨水大有用处

在当今环境问题的大讨论中，一个重要的议题就是节约水资源。而绿色环保建筑的一大重要功能，就是循环利用水资源。

大型建筑的顶层一般都拥有可观的面积，除了在这里铺设太阳能电池板之外，还可以将屋顶建成一个巨大的雨水收集器。下雨的时候，雨水会顺着屋顶的管道流进雨水收集池。雨水经过处理后，可以用来洗车、洗衣、灌溉，甚至饮用。一个面积52公顷的小区，利用这一系统一年可以收集6万立方米的雨水，这将大大节约水的用量。

下雨时，雨水会顺着墙壁流下，利用透水砖制成的墙面，可以吸收这些雨水。这种透水砖以内蒙古沙漠的天然硅砂为原料，雨水流过透水砖时，会受到虹吸作用，被砖块“喝”掉，继而进行回收利用。

◎新材料前景广阔

推广新型环保节能材料，以取代传统建材，是绿色建筑领域的一项重要任务。节能环保材料有三大功能：一是减少自然资源损耗，二是降低建筑物能耗，三是让人们的居住环境更加舒适。

建筑界正在大力推广结实耐用、可降解或者循环使用的新型建筑材料，以减少石棉、铅等传统材料的使用。绿色材料不使用或者少使用天然资源和能源，以工农业活动中产生的废弃物为原材料制成。如在新技术的推动下，稻麦等农作物收割后的秸秆就可以变废为宝，作为建筑材料使用。

新型墙体材料和玻璃在保持室内温度方面，有着突出的优势。大都市的很多建筑，采用的都是大面积玻璃外墙，这种结构不仅时尚，而且采光度很好，但缺点很明显，一般的玻璃隔温性能并不好，夏天空调耗电严重，而冬天的时候需要大量的暖气供应。德国科学家研制出一种新型玻璃，材料中加入树脂膜，大大增强了隔温性能，节省了能源。

建筑物是供人们居住、办公用的，人们希望有一个舒适、安全、健康的环境。新型环保材料不仅可以预防火灾，而且有着隔绝噪声、消磁、抗辐射、抗静电和净化空气等多种优势。

日本在传统的玻璃、陶瓷中加入TiO_2光催化剂，发明出了“光催化材料”。在阳光的照射下，可以把空气中的水分和氧气转化为活性自由基，这些自由基可以使污染气体转化成无害的气体。

除了污染气体，生活中的菌类微生物对人体健康的影响也很大。现在，抗菌的建材也已被研制出来，在建材中加入金属离子，就能起到一定的杀菌作用。中国建材研究院发明了一种新的抗菌材料，在陶瓷中加入稀土离子，大大提升了材料的抗菌效果。

起重机：搬运重物的大力士

◎早期的起重机

滑轮和杠杆是人类最早应用的两种简单机械，它们可以帮助人们完成一些双手无法完成的任务。

杠杆是一根硬棒，它绕着固定的点转动，这个点叫作支点。古希腊物理学家阿基米德曾说："给我一个支点，我可以撬起整个地球。"公园的跷跷板就是一个杠杆，你很难直接将你的同学举起来，但是利用跷跷板，你就可以轻松地把他（她）抬起。

滑轮由绳索和围绕固定点转动的圆轮组成，它实际上是杠杆的变形，利用滑轮可以改变施力方向，节省力气或者距离。

早期的起重机就是利用杠杆或者滑轮原理制成的，比如从水井中打水用的辘轳，摇动转轴，就能将绳索卷起来，带动井底的水桶升上来，这是一种滑轮装置。桔（jié）槔（gāo）是我国古代劳动人民使用的另一种汲水工具，利用的就是杠杆原理。

◎吊车

可以长距离移动的起重机一般被称为吊车，分为汽车吊、履带吊、轮胎吊三种。随着技术的进步，木制的杠杆变成了钢铁的起重臂，麻绳变成了钢丝绳，人力驱动变成了发动机驱动。吊车依然活跃在工业舞台上，发挥着重要的作用。

汽车吊：这种吊车安装在汽车底盘上，就像是卡车驮着起重臂。汽车吊方便灵活，机动性好，但是负重有限，工作时需要支架。

履带吊：这种吊车的底盘是履带，比起汽车吊更加稳固，载重量也比汽车吊大，汽车吊的最大提升质量是1200吨，而履带吊可以达到3000吨以上。履带有着很好的防滑作用，可以在泥泞的地面上工作。履带吊的缺点是行动迟缓，拆卸麻烦。

轮胎吊：和汽车吊一样，轮胎吊使用轮胎，不过底盘是专门制造的，而且比汽车吊要稳定得多，但是速度不如汽车吊。还有一种轮胎越野吊车，在复杂泥泞的地形中也可以快速转移。

◎桥式起重机

在工厂车间或者仓库，搬运重物靠的是“天车”——桥式起重机。它横跨在高高的水泥或者金属支架上，形状像桥，从人们头顶上经过。“天车”的轨道铺设在支架上，不受地面物体的阻碍，使用抓钩、磁吊等方式吊起重物，由工作人员在驾驶室中进行操作。

◎门式起重机

门式起重机是桥式起重机的一种变形，桥式起重机主要在室内工作，而门式起重机主要工作地点在码头和港口。门式起重机就像一座巨大的门，也被称为“龙门吊”；“龙门”两边的“门框”就是起重机的支撑架，“门梁”就是承载主梁。“龙门吊”的起重臂可以360度旋转，工作时它会吊起重物，沿着轨道移动，轨道一般设置在通道两旁。

◎制造业功臣

近几年，我国的制造业发展势头迅猛，受到了全世界的瞩目。从普通货物装卸到国产航母下水，“龙门吊”都起到了十分重要的作用。

2014年1月9日，四川宏华集团与武桥重工联合研发制造的大型海洋平台吊装设备——“宏海号”在江苏启东举行隆重的试吊仪式。这是目前世界上最大的起重机，本身质量相当于两个埃菲尔铁塔，最大提升质量为2.2万吨，可以轻松吊起相当于400节高铁车厢的质量，也可以一次性把一艘万吨巨轮搬走。

我国的“龙门吊”不仅在国内大放异彩，而且已经走向世界，出口到美国、欧洲等国家和地区。目前在全世界范围内，中国生产的龙门吊占据了全球近80%的市场，在千吨级龙门吊领域，中国生产几乎垄断全球。

可降解塑料：白色污染的终结者

在传统的塑料中加入一定量的特殊添加剂，制成可降解塑料，塑料在经过一段时间后就会逐渐分解，可减少塑料对环境的危害。

◎白色污染

塑料是“可塑材料”的简称，顾名思义，它可以随意制成各种形状，是一种合成树脂的统称。塑料诞生于20世纪初期，因为其具有绝缘、稳定、耐热、耐腐蚀的特性，一问世就风靡世界，被称为“千面材料”或者“炼金术”。塑料的用途极其广泛，从包装袋到汽车，几乎参与了所有的领域，极大地促进了工业发展，改变了人们的生活。

但是塑料的大规模使用也带来了严重的“白色污染”。塑料的化学性质特别稳定，在自然界中一般要经过几百年的时间才能被降解。塑料在土壤中，会影响植物吸收养分；在水中，会污染水质，对环境造成恶劣的影响。丢弃在土壤或者水中的塑料，假如被动物吞下，会让动物既无法消化，也无法排泄，最终导致其死亡。

◎可降解塑料

为了应对“白色污染”，人们想出了各种各样的办法：禁止使用一次性餐具、呼吁大家在生活中减少使用塑料袋、回收利用塑料废弃物等。2007年12月31日，《国务院办公厅关于限制生产销售使用塑料购物袋的通知》发布，从国家层面提出了“限塑”的要求。但在生活中，由于塑料制品的方便性，使用量依然巨大。因此，用可降解塑料制成的塑料制品或许可以成为应对“白色污染”的重要手段。2022年6月1日，《生物降解塑料与制品降解性能及标识要求》和《生物降解饮用吸管》两项推荐性国家标准正式实施，意味着我国推广应用可降解材料制品大幅提速。

◎光降解塑料

光降解塑料在塑料中加入了光敏剂。光敏剂可以吸收光子，并将能量传递给塑料分子，促使塑料分子产生化学反应而降解。早期的可降解塑料很多都是采用这种技术。但光降解塑料也有显著的缺点：一是不易控制光照时间；二是光降解不彻底，有可能使塑料仅仅变成碎片或者粉末，无法将其彻底分解。

◎生物降解塑料

科学家们对生物降解塑料寄予厚望。我们平时使用的纸张在自然界中最终会被分解为二氧化碳和水，重新成为大自然的一部分，生物降解塑料拥有与纸一样的特性。

完全生物降解性塑料：这种材料在细菌和酶的作用下，会完全降解为二氧化碳和水。不过其制造成本较高，无法使用传统的塑料生产设备进行生产，需要通过微生物发酵、化学合成、高分子共混等技术获得。

生物崩坏性塑料：在塑料中加入一定比例的生物降解物质，这种塑料成本低廉，在传统的塑料生产车间就可以制造，我国大部分的可降解塑料就是在传统的塑料中填充淀粉制得的。其缺点是只有淀粉的部分可以完全降解，其余部分只能崩裂为碎片。

◎光、生物混合降解

光降解塑料需要日光，而生物降解塑料需要土壤和水。生物降解塑料在干旱或者缺乏土壤的区域难以降解，而光降解塑料被掩埋在土中时也不能降解，它们都对环境有一定的要求。科学家们将两种添加剂同时加入塑料中，提高了降解过程的发生率，并且在两种反应的协同效果下，降解得更加彻底。

◎水解降解塑料

利用水溶性聚合物制成的塑料，浸泡在水中会逐渐与水发生水解反应，溶化消失。医生使用的手套大多是这种塑料，便于消毒和清理。

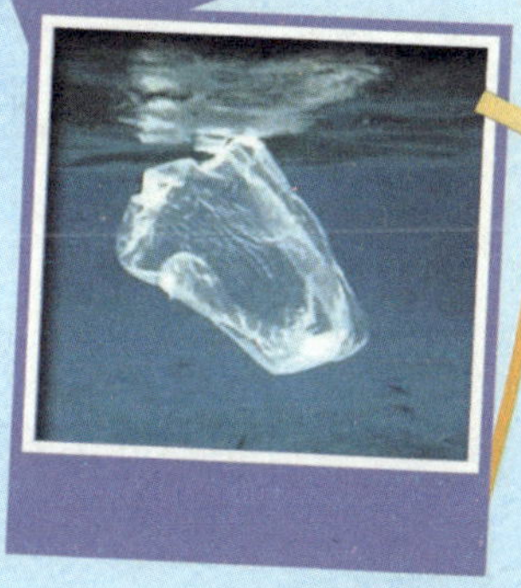

◎吃塑料的虫子

2015年，北京航空航天大学的一个研究组发现，黄粉虫（面包虫）的幼虫可降解聚苯乙烯这类最难降解的塑料。根据研究组的试验，100只黄粉虫幼虫每天可以吃掉34～39毫克的泡沫塑料，其中一部分被分解为二氧化碳，剩余的被转化为粪便排出体外，而且黄粉虫的生长没有受到丝毫不良影响，仍然健康正常，最后发育成熟。这一发现为解决全球性的塑料污染问题提供了新思路。

高速铁路：日行万里的飞驰

中国国家铁路局对高速铁路的定义：新建设计速度为每小时250千米及以上的动车组列车、初期运营速度不小于每小时200千米的客运专线铁路。

◎火车的前世今生

火车是指在铁路轨道上行驶的车辆，由多节车厢组成。最早的火车是蒸汽机驱动的，因为蒸汽机的能源是煤炭或者木柴，所以叫作“火车”。1817年，英国工程师乔治·斯蒂芬孙主持修建利物浦到曼彻斯特的铁路线，火车开始登上历史舞台。

随着科学技术的提升，火车的驱动设备从最早的蒸汽机，到后来的燃油机，再到最新的电力组系统，时速也从最初的6千米提升到了现在的300千米以上。

◎新干线

在日本动画片《铁胆火车侠》中，运行在高速铁路系统上的火车们每天努力工作，但一个黑暗军团却处处与它们作对，这些坏蛋不是错开铁路的岔口，就是吸取火车的能量。火车们变身为能力各异的火车侠，与坏蛋们进行斗争。

火车侠们所在的铁路系统，就是大名鼎鼎的日本新干线。其实早在20世纪初期，火车的最高时速就已经达到200千米，但就是做不到稳定平均地保持这种速度。1964年1月1日，东京奥运会前夕，连接东京与大阪的东海道新干线正式通车。线路全长515.4千米，时速高达210千米。之后，日本又陆续修建了8条新干线，形成了覆盖日本的新干线网络。新干线是世界上第一个高速铁路系统，它大大提升了日本铁路的运载速度，带动了机械制造、材料、建筑等产业的发展，加快了铁路沿线城镇经济的提升。

◎高铁系统

20世纪90年代开始，亚洲、北美洲和澳大利亚掀起了修建高铁的热潮。欧洲地区以英国、法国、德国、意大利为代表的发达国家大规模修建国内或者跨国高速铁路，形成了欧洲高速铁路网络。

中国的高铁研究虽然起步较晚，但是后来居上，逐步迈入世界领先行列。2008年，中国铁道部和科技部联合研发运营新一代高速列车。同年8月，中国第一条自主制造、世界一流的高速铁路京津城际铁路通车运营。2017年6月25日，具有完全自主知识产权、达到世界先进水平的中国标准动车组被正式命名为“复兴号”，并于6月26日在京沪高铁正式双向首发。“复兴号”中国标准动车组的开通，标志着我国高速动车组技术全面实现自主化、标准化和系列化，极大地增强了我国高铁的国际话语权和核心竞争力。

截至2019年年底，中国高速铁路营业总里程达到3.5万千米，居世界第一。截至2020年年底，全国铁路营业里程14.6万千米，高速铁路运营里程达3.79万千米，稳居世界第一。截至2021年12月30日，中国高铁运营里程突破4万千米。截至2022年6月20日，中国已有3200千米高铁常态化按时速350千米高标运营。

◎动车组

平时我们不管是乘坐的D开头还是G开头的火车，都被称为动车。动车D代表普通动车组列车，列车最高时速不超度过250千米；动车G代表高速动车组列车，时速在250～350千米。实际上，动车是动车组列车的简称。普通的列车，动力装置都是在牵引机车（车头）上，除了牵引机车外的其他载客车厢是没有动力的，装有动力装置的这一节机车被称为动车，其余部分被称为拖车。早期的牵引机车是不可以载人的，后来出现了既可以载人又可以产生牵引力的动力车厢。

存在多个动车的列车被称为动车组。主流的动车组分为动力分散式和动力集中式两类。动力分散式将动力装置分布在列车的不同位置。动力集中式使用两个以上的动车牵动整列列车。相比于传统列车，动车组列车具有牵力大、加速快等优点。

◎超级高铁

尽管目前高铁的最高速度已经可以达到时速500千米，但是人类对于列车速度的“贪心”是没有止境的！2017年8月29日，中国航天科工公司在武汉宣布，已启动时速1000千米“高速飞行列车”的研发项目，后续还将研制最大运行速度为2000千米和4000千米的超级高速列车。

自动驾驶：全新驾车体验

自动驾驶汽车是一种无人驾驶的智能汽车，依靠人工智能系统，车辆可以在没有人工干预的情况下，完成安全有效的行驶。

◎消失的司机

2011年7月14日，一辆汽车从京珠高速公路长沙杨梓冲收费站出发，向着武汉驶去。在路上，它遇到了不少复杂地形，有些地区还在下雨或者起雾，3个多小时之后，它到达了目的地武汉。这只是高速公路上十分普通的一幕，但令人大跌眼镜的是：汽车上居然没有驾驶员。

这辆汽车是由国防科技大学自主研制的红旗HQ3无人驾驶车，这段奇妙的旅程宣告，我国的无人驾驶技术已经达到了先进水平。

◎自动驾驶

从古至今，人类都在幻想有一种能够自动驾驶的工具。《格林童话》中女巫的飞行扫把、《阿拉丁神灯》中阿拉丁的飞毯，都寄托了人类的这种渴望。

自1886年德国工程师卡尔·本茨发明汽车以来，就有人尝试让汽车“自己跑起来”。1925年，美国的一位陆军工程师，坐在汽车的后排，使用无线电来控制，成功地让汽车跑了起来。虽然它的技术不高端，但是这是真正意义上的第一辆“无人驾驶汽车”。

◎自动泊车系统

现在的科技水平，部分的自动驾驶系统已经开始普及，应用最广泛的是自动泊车系统。用不着手动干预，汽车可以自动地进入停车位，精准停车。

安装有自动泊车系统的车辆，车身遍布雷达探测头，能够测量自身与周围物体的距离和角度，将数据传入车载计算机。计算机计算出停车的流程，配合当前的速度来自动调整方向盘。

这套系统是新手驾驶员的福音，因为停车入库对于他们来说，可是个不小的挑战。

◎自动驾驶公交车

不仅在轿车领域，最近几年，科学界又将目光投向了公共交通领域。自动驾驶公交车分为L3级和L4级，采用5G信号覆盖、车路协同、人工智能等先进技术，结合智慧站台、智慧场站等一体化管控系统，是实现驾驶车辆智能监控、安全预警和与其他社会车辆的同域协同运营的城市载客机动车辆。其中，L3级为有条件的自动驾驶，车辆可以完成大部分驾驶操作，但保留方向盘、操作台，需配备安全员。L4级为高度自动驾驶，车辆在限定道路可以完成所有驾驶操作，没有方向盘和驾驶员。

2015年9月，世界上首台自动驾驶大客车在我国运行成功。2021年7月7日，我国北方L4级自动驾驶公交车体验线路在沧州开通。这条公交体验线路全长约3.3公里，用时约18分钟。2022年，成都第一批智能网联汽车道路测试车辆行驶号牌正式发放，按照规定，首批12台智能网联汽车将在成都市内指定的公共道路上开展无人驾驶测试。

◎复杂的系统

想要汽车自动在复杂的地形中平移行驶，并不是一件容易的事，需要多项技术相互配合。

车辆定位系统：目前主要采用磁导纹和视觉导航两项技术，可以准确识别车辆位置。

车辆控制系统：控制车辆的速度和方向，由车载电脑的智能系统计算出合适的移速和转向。

车辆稳定系统：防止车辆失控的必备技术，包括ESP（车身电子稳定系统）电子手刹等。

红外线相机设备：视觉导航在夜晚或光线昏暗的条件下，灵敏度会大大降低。此时，安装在车上的红外信号系统就能发挥作用了。它能很好地观察路况，保障行车安全。

◎严格管控

实现汽车的完全自动驾驶是众多国家和汽车厂商的目标，也是普通人的梦想。虽然此项技术发展迅猛，但无人驾驶技术还无法保证百分百的安全，即便是进行自动汽车的测试也有严格的规定。

2017年12月18日，北京出台自动驾驶汽车新规：自动驾驶车辆须具备自动、人工两种驾驶模式，且两种模式可随时切换。上路测试期间，车辆属于“无人驾驶”状态，特殊或紧急情况下，由测试驾驶员接管测试车辆进行驾驶操作。上路后，测试者应购买不低于500万元人民币的交通事故责任保险。

2022年8月8日，交通运输部运输服务司发布关于《自动驾驶汽车运输安全服务指南（试行）》（征求意见稿）公开征求意见的通知，意在进一步完善有关无人驾驶的法律法规。

电动汽车：不烧油的清洁车

电动汽车相比传统汽车，对环境的污染要小得多，虽然技术还不够成熟，但是各国对其前景都非常看好。

◎多年的设想

1885年，德国工程师卡尔·本茨制造了第一辆三轮汽车，采用0.9马力汽油机。这是世界上公认的第一辆汽车。

但是实际上，电动汽车的发明比汽油汽车还要早一些。早在1873年，英国工程师罗伯特·戴维森制作了一辆载货车，它以一次性电池作为动力。18世纪90年代，英国和法国的大街上，以大电池为动力的客车很常见。

1900年美国制造的汽车中，电动汽车共有15755辆，蒸汽机汽车有1684辆，汽油车仅仅只有936辆！这一时期，电动汽车占据绝对的市

场优势，一度成为上流社会的标配。但是20世纪30年代之后，电池的发展速度逐渐落后于内燃机的发展速度，电动汽车逐渐被抛弃。

◎再次迎来辉煌

随着新能源技术的发展，再加上燃油使用造成的环境问题以及石油资源的缺乏，人们再次将目光投向电动汽车。

中国从2001年开始将电动汽车作为一个重要的科研领域进行研发。截至2022年6月底，全国机动车保有量达4.06亿辆，其中新能源汽车数量已突破千万辆。其中，纯电动汽车保有量为810.4万辆，占新能源汽车总量的80.93%。

世界范围内，各国都在加紧研发电动汽车，宝马、丰田、福特、通用、保时捷和大众等国际知名汽车厂家都把电动汽车作为重要的研发项目。

◎电动汽车的三种类型

现在的电动汽车按照动力来源划分，主要有三种：纯电动汽车（BEV）、混合动力汽车（PHEV）、燃料电池汽车（FCEV）。

纯电动汽车由电动机驱动，完全用可充电电池作为动力源。其中铅酸电池出现最早，使用的时间也最长。铅酸电池的安全性能最好，很少出现爆炸、着火等现象，只是储能效果不太理想。2000年前后，科研人员成功研制出锂电池。锂电池存储的电能是铅酸电池的2～3倍，但容易在空气中出现自燃、爆炸等情况，危险性更高。目前，各国对锂电池的研发主要在于控制它的安全性和稳定性上。

混合动力汽车既可以使用汽油等燃料作为动力，也可以使用充电电池作为动力。这种汽车可以在一定程度上减少废气的排放，缓解环境的压力。

燃料电池汽车是以燃料电池为动力的汽车。燃料电池和一般的蓄电池不同，不用等待几个小时来充满电，只需要几分钟，给电池灌满燃料即可。燃料电池通过氢气和氧气的化合反应来产生电力，对环境零污染，但对技术要求较高。

◎充电站与充电桩

当电动自行车没有电的时候，只需连上普通电源，几小时后就可以充满。但是电动汽车不可以随意充电，因为汽车充电需要特殊的设备和电压。外出时，电动汽车需要到专业的汽车充电站充电。充电桩就相当于加油站的加油机，可以调整不同的电压给不同型号的汽车充电。

电动汽车有三种充电模式：常规充电、快速充电和机械充电。常规充电的时间比较长，一般需要5～10小时，但是充电站的建造成本较低。相较于常规充电，快速充电的时间要短得多，最多2小时，少时只需要几十分钟，但是充电站的建造成本会大大增加。而机械充电就是为汽车更换电池组，这种充电方式最为快捷，只需要几分钟。但机械充电的局限在于，现在汽车电池没有统一标准，不同厂家的电池型号不尽相同。

充电站和充电桩是电动汽车领域的基础设施，电动汽车能否普及，就要看基础设施建设能不能满足群众的生活需求。我国正在加紧研究和创新，找出一种最适合我国国情的建设方案。

民用航空：最快捷的出行方式

民用航空，简称民航，指的是除了进行国防、警察和海关等国家航空之外的航空活动，可不仅仅只有客机旅行哦！

◎伟大的发明

美国人威尔伯·莱特和奥维尔·莱特是一对兄弟，出生于19世纪60年代后期。莱特兄弟自懂事起，就对机械有着浓厚的兴趣，据弟弟奥维尔回忆，他在5岁生日时收到了不少礼物，但他最感兴趣的却是一个回旋陀螺。在他们之前，已经有不少人开始试飞飞行器，但均以失败告终。莱特兄弟在总结前人经验的基础上，经过1000多次飞行试验，于1903年12月17日试飞成功第一架依靠自身动力飞行的飞机——“飞行者”1号。

1919年2月，德国开通柏林至魏玛的民用航线，这是世界上第一条民用定期航线。同年8月25日，英法建立了国际定期空中客运航线，不久后形成了航空运输网。1919年，美国还使用水上飞机开辟了大西洋航线。飞机是20世纪最重要的发明之一，它改变了人们的出行方式，极大地方便了人们的生活。

◎短途飞机

对于普通人来说，乘坐飞机意味着进行长途旅行，距离比较近的话，还是乘坐汽车或者火车更加合适。目前，中国民航客运航线的最短距离是106千米，从重庆江北机场飞往武隆仙女山机场，全程用时33分钟。

但现在，类似于城际列车的短途飞机正在研制中。2016年，Uber、空客等公司和美国高级研究计划局等机构纷纷表示，他们正在研制一种小型飞机，可以用来进行城际短途旅行。这种飞机既可以跑道起降，又可以垂直起降。垂直起飞的时候，只需要将底部四台发动机的喷口调整朝下，就可以产生垂直的动力。和传统的飞机相比，这种飞机不需要太长的跑道，只需要燃料电池和太阳能电池就可以驱动。随着科技的不断进步，如漫画中描绘的未来城市那样的私人飞行通勤或许也会变得越来越普遍。

◎空中邮轮

20世纪30年代，航天技术刚刚发展不久，飞机的速度还很慢，当时飞跃大洋差不多要一周的时间。于是工程师就把客机内部打造成邮轮的模样，有餐厅、酒吧、健身房、电影院等娱乐休闲场所，全部采用包间形式，每个包间最多可容纳4人，内有无线网和高清显示屏。

2017年，水晶航空公司将一架波音777-200LR飞机改造为豪华空中邮轮，取名“水晶天际一号”，乘坐它去往斐济、大溪地，开展为期7天的旅行，每位乘客需为此支付约2万美元。

2022年，英国更是公布了一项雄心勃勃的新设计，一架由人工智能驾驶的“空中邮轮”拥有20个由核聚变驱动的引擎，它可以长时间飞在空中，无须降落。飞机中有餐厅、大型购物中心、健身房、剧院等你想拥有的一切。但这项设计究竟能否付诸实施，仍是个谜。

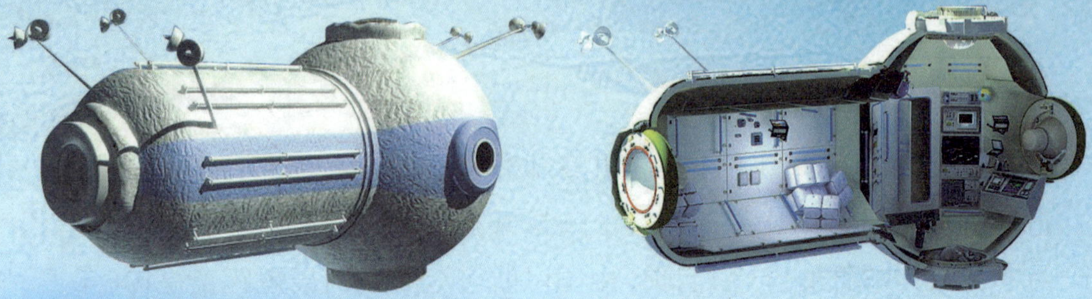

◎太空旅行

人类在登上太空之后，许多航空公司就把“太空旅行”项目写进了计划书中。2001年时，俄罗斯航天署将一位美国富商送上了太空，这是人类历史上第一次商业太空旅行。太空乘客乘坐的航天器大都是由宇宙飞船改装而成的，当然，乘客需要提前接受一段时间的训练。2022年4月9日，载有首个全平民乘组的美国“SpaceX Crew Dragon”商用飞船抵达国际空间站，并于4月26日返回地球。

◎超音速客机

从20世纪60年代起，国际上就开始了超音速客机的研发。英法两国联合研发的协和式飞机是超音速客机的代表。它机身细长，能有效地减少阻力，采用了无水平尾翼布局，机翼是三角翼。协和式飞机拥有

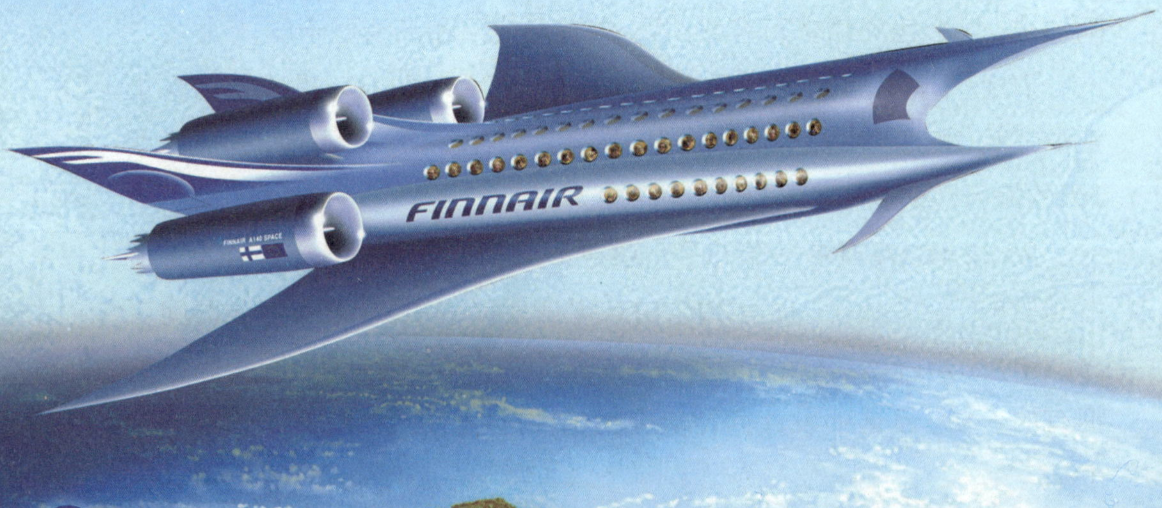

四台涡轮加速喷气式发动机，并且装备了只有在超音速战斗机上才有的后燃器。2003年，“协和式”退役，民用航空中不再拥有超音速飞机的身影。不过，许多机构正在研发下一代超音速客机。

◎中国的大飞机

载客量是衡量民用航空水平的一项重要指标，在我国，150座以上的客机被称为大型客机。长时间以来，我国的大型客机都需要从国外进口。2006年，我国启动了国产大飞机项目。2016年年底，首架C919大型客机交付试飞。2017年5月5日，C919在上海浦东机场圆满首飞。2022年7月19日，C919六架试飞机完成全部试飞任务。2022年9月30日，国产C919大型客机于2022年9月完成全部适航审定工作后，获得了中国民用航空局颁发的型号合格证。自此，我国真正拥有了制造国产大客机的能力。

C919大型客机采用大量的先进复合材料、铝锂合金，减轻了机身的质量。机舱内布局采用单通道，两边三座，座位空间比普通民航更大，最大限度地提高了顾客的舒适感。2022年12月9日，中国东方航空作为国产大飞机C919的全球首家用户，正式接收编号为B-919A的全球首架飞机，迈出市场运营的关键“第一步”。

无人机：军用民用双利剑

无人机的全称是无人驾驶飞行器，这是一种利用无线电遥控设备和自备的程序控制装置操纵的不载人飞行器。

◎无人驾驶飞行器

1914年，第一次世界大战正在进行。飞机是这场战争的重要武器，飞机驾驶员更是稀缺资源，如何才能减少战斗中驾驶员的伤亡呢？英国的卡德尔和皮切尔两位将军想到一个方案：研制一种不用人驾驶，利用无线电来操纵的小型飞机，让其携带炸弹，投放到敌军的阵地。方案虽然最终没有实现，但是开启了无人机研发的先河。

1945年，第二次世界大战结束后，多余或者退役的飞机被改造成为靶机，供部队训练、演习使用，无人机从此开始了大规模研发。

◎大放异彩

早先的无人机主要执行侦察任务，但是由于技术落后，当时的无人机无法出色地完成任务，无人机热潮逐渐冷却下来。

直到1982年的“贝卡谷空战”，无人机才又被各国政府重视起来。贝卡谷是一处重要的军事基地，叙利亚在这里布置了19处导弹阵地和先进的雷达预警系统，想要攻破这道防线并不容易。以色列先是使用无人机，诱导叙利亚的导弹打击。接着，无人机将拍摄到的战场图像和截获的雷达信号，传给后方的指挥部。叙利亚导弹阵地的雷达系统被精准锁定，一瞬间被以色列的导弹摧毁。没有了雷达，导弹也就变成了“瞎子”，贝卡谷基地被以色列轻易攻破。

这场战役中，无人机毫无疑问是“头号功臣”。同时也让全世界都意识到，无人机与人类部队合作，将会产生无与伦比的效果。无人机从此成为世界军事科技的重要研究领域。

◎优秀的士兵

不惧死亡：无人机没有驾驶员，不存在人员伤亡的风险，机动性好，隐蔽性强，所以非常适合去执行危险性大、劳动强度高的工作，即便是“必死无疑”的任务，它们依然“义无反顾”。

超强意志：侦察兵的工作需要极强的意志力和忍耐力，有时候侦察工作会持续几十个小时，且经常处于恶劣的环境中。有了无人机后，战士只需要坐在控制台操控即可，既不会过于疲劳，也安全得多。

价格低廉：无人机不需要传统战斗机的机能、生命维持系统、弹射座椅等价格高的设备，而且体积小得多，只需要一个人机交互装置即可，所以价格比起战斗机要便宜得多。

我国军用无人机领域目前有四大明星，分别是“翼龙”无人机、“彩虹四号”中空长航时察打一体无人机、“攻击-1”型无人机以及WJ-600型高空高速无人机。其中，“翼龙”无人机是一种集中空、长航时、侦察打击于一体的多用途无人机，它代表了我国无人攻击机研制的最新水平，是中国无人机制造领域的“当家明星”。

◎民用无人机

无人机虽然起源于战争，但是近十年来它已从军用领域进入民用领域。在航拍、农业、植物保护、微型自拍、快递运输、灾难救援、观察野生动物、监控传染病、测绘、新闻报道、电力巡检、救灾、影视拍摄、制造浪漫等等领域的应用，大大拓展了无人机本身的用途。

2011年3月10日，云南盈江地震灾情发生后，装载有低空无人机航拍系统的测绘应急车连夜赶赴盈江县实施无人机航拍任务，对灾区全境进行了长达50分钟的航空拍摄，成功获取盈江灾区首批震后20平方千米的1000多张高分辨率航空影像，对救灾工作起到了积极作用。

我国是农业大国，拥有18亿亩基本农田，每年的农业工作量巨大。在操作界面设定作业范围和作业路径，无人机就可以自动喷洒农药或者撒种。利用无人机进行农药喷洒，效率是人工的30倍。

◎智能无人机

现在大部分的无人机，还需要人在后台进行操作，曾经操作无人机参加战斗的机师表示：这在很大程度上像是在玩电脑游戏。

随着技术的进步，"遥控"式的无人机已经有了被全自动化无人机取代的趋势。现在已经可以做到为一些航拍无人机设定"飞行计划""路径点"，使其进行自动航行。

军用无人机的研发，更是进入"神经元"世代，无须任何人类下达指令，通过人工智能即可独立完成飞行任务，并能在复杂的飞行环境中进行自我校正。

隐身技术：无法防备的进攻

隐形技术俗称隐身技术，就是通过研究利用各种不同的技术手段来改变己方目标的可探测性信息特征，从而增强部队的生存能力，提高对敌人的威胁力。

◎迷惑视线

在第一次世界大战时期，飞机起到了不可估量的作用。为了保护自己的飞机不被敌方间谍破坏，德国、法国开始将飞机涂成迷彩色，这样，飞机和天空的颜色对比就不那么强烈了。

◎骗过雷达

隐形技术并不是让我们肉眼见不到武器，而主要是让雷达侦察不到武器的存在。

第二次世界大战时，雷达开始广泛应用，夜晚的飞机、水下的潜艇都逃不过雷达的搜索。德国、美国和英国都开始尝试降低飞机的雷达信号特征。德国开始在潜艇通气

管采用能够吸收雷达波的涂料。

第二次世界大战之后，以雷达为中心的防御技术发展迅速，提高飞机、潜艇的生存能力变得异常重要和迫切，于是西方国家开始研究一些应对措施。隐形军事武器就是在这样的环境下诞生的。

◎隐形飞机

20世纪60年代初期，美国设计了一种隐身侦察机。它全身漆黑，活像一只大鸟，人们便把它称为“黑鸟”。飞机上涂有吸波材料，不仅能消除反光，而且还能吸收部分照射到它身上的雷达波。“黑鸟”还能将电磁能量转化为热能散发掉，避免被侦测到电磁波。这种远程战略侦察机能在2.6万米的高空飞行，飞行速度可以达到3倍声速，当时任何其他飞机都不能与之匹敌。

隐形飞机的外形避免大而垂直的面，尽可能采用凹面，这样就可以将雷达信号向四面反射，避开雷达信号的接收器。机翼、机身以及各部位之间也要采用平滑过渡。

◎隐形潜艇

潜艇在水下活动，海水就是它的天然屏障，侦察飞机、侦察卫星都难以发现它的行踪。但是，潜艇在航行时发动机和螺旋桨发出的声音使它很容易成为声呐捕捉的目标。不仅如此，潜艇的潜望镜必要时会对水面进行观察，而常规动力潜艇的通气管也会不时伸出水面吸进空气，虽然只是一些“蛛丝马迹”，仍然会给地面雷达以可乘之机。

潜艇的隐身技术就是针对这些问题发展起来的。采用低噪声发动机和传动装置，同时在潜艇壳体外粘贴吸声材料，既可吸收自身的噪声，又可吸收敌方主动声呐的声波。20世纪90年代中期，不依赖空气的常规潜艇动力装置问世，常规动力潜艇在低航速航行时的水下续航力从数小时增加到数周，潜艇不必为给蓄电池充电而经常浮出水面，大大增强了潜艇的隐蔽性。

◎各国发展

美国的隐形兵器发展最快，目前居世界领先地位。F-117A、B-2、F-22等隐形飞机仍代表当今世界隐形兵器的先进水平。F-35更是世界上最大的单发单座舰载战斗机和世界上仅有的已服役的舰载第

五代战斗机。

在现有隐形飞机的基础上，美国不断开拓新项目的研究，研制新型隐形飞行器以及其他新式隐身装备。比如隐形攻击导弹、隐身电动战车、隐形侦察车等，美国陆军还设计出了一种隐形帐篷。

除美国之外，俄、英、法、德、日和瑞典等国都在积极发展隐形兵器。英国国防研究局正在研制一种隐形装甲战车，并已成功研制出隐形军舰和一种新型隐形教练水雷。法国已研制出一艘全部采用隐形技术的护卫舰和一种隐形的高超声速攻击导弹。

◎中国隐形术

歼-20是我国自主研制的第五代战斗机，它融合了全球多种已经在使用的优秀战斗机的特点，具备很强的隐形性能和机动性能。作为亚洲最先进的战斗机，歼-20提升了我国空军综合作战能力，有助于空军更好地肩负起维护国家主权安全和领土完整的神圣使命。

隐形能力是第五代战斗机的最重要技术指标，也是歼-20的标志性能力。歼-20采取了诸多措施提高隐形能力。歼-20的头部、机身呈菱形，上下表面非常平直，可以减少不连续平面带来的雷达反射。它的进气道设计采用了S形弯曲，可有效阻挡发动机叶片的雷达反射。歼-20座舱靠前，机头短促，可以有效躲避对方电子系统的探测。

航空母舰：海上的军事堡垒

航空母舰是一种大型水面舰艇，是世界上最大、最复杂、最具威力的武器，是一个国家综合国力的象征。

◎从军舰上起飞

1910年11月14日，美国飞行员尤金·伊利驾驶一架双翼飞机从“伯明翰”号巡洋舰上起飞，安全降落到了附近的一处海滩。两个月后，伊利驾驶的这架双翼飞机成功降落到“宾夕法尼亚”号巡洋舰上，之后，再次从甲板上起飞。

从此，人们发现了舰船的另一个用途：作为飞机的起降台。

◎航母战斗群

航空母舰的主要作用是作为战斗机的发射平台，它可以瞬间投射大量的空中火力，但是航空母舰自身的防御能力比较差，所以航空母舰通常采用编队作战，与巡洋舰、驱逐舰和潜艇等组成航母战斗群，航母位于战斗群的中心，受到层层保护。

巡洋舰是航母的护卫中枢，一般一个航母战斗群拥有一到两艘巡洋舰。巡洋舰功能多样，可以反潜艇和防空袭，配有巡航导弹，具备超长距离的打击范围。

驱逐舰协助巡洋舰进行防卫，扩大战斗群的防卫圈，一般情况下会配备三艘，同样具有反潜艇和防空袭的能力。

反潜护卫舰或巡防舰搭载高端的潜艇侦察设备，也有一定的防空作用，一般情况下会配备一艘。

攻击潜艇用于警戒和攻击水下目标，一般情况下会配备两艘。另外携带有巡航导弹，可以远程打击陆上目标。

补给舰供应燃油、弹药、食品、零件等补给品，专门在战斗中给予队友后勤支持，一般情况会配备一到三艘。

算起来，一个航母战斗群一共有十艘左右的舰艇，似乎并不算多厉害，但是加上舰艇上装载的飞机和导弹，一个航母战斗群的防御、攻击范围可达几百至几千千米，是名副其实的海上堡垒。

◎改造成功“辽宁”号

我国拥有内海和边海约470多万平方千米的水域面积，发展航空母舰是保卫我国领海、领土、领空的必要举措。

抗日战争期间，爱国将领陈绍宽曾经向国民政府提出制造我国航母的计划，但是由于国民政府的错误方针，该计划没有能够实施。

“瓦良格”号航空母舰是苏联在1985年开始建造的，但由于苏联在20世纪90年代初解体，“瓦良格”号航空母舰没有竣工。

后来，我国决定从乌克兰购买未完工的“瓦良格”号航空母舰。2002年3月，“瓦良格”号航母从乌克兰被拖到大连。2005年4月，“瓦良格”号进入大连造船厂，我国的航母制造正式开始。2012年9月25日，“瓦良格”号改造完工，被命名为“辽宁”号，交付我国海军使用，这是我国拥有的第一艘航空母舰。

“辽宁号是一艘常规动力航母，满载排水量为60000多吨，最上层是飞行甲板，甲板以下有十几层，共有3000多个舱室，通道总长有几十千米，就像一座迷宫一般。航母有“海上城市”之称，“辽宁”号功能齐全，有超市、邮局、餐厅、健身房、垃圾站等，船员们可以在船上过上舒适的生活。

◎自主研发“山东舰”

“瓦良格”号航空母舰的改造成功，为我国自主建造航空母舰积累了宝贵的经验。2017年4月26日上午，我国第二艘航空母舰在大连造船厂举行了下水仪式。这艘航空母舰由我国科研人员自主研发，是真正意义上的国产航空母舰，标志着我国航母制造水平进入了一个全新的阶段。

2018年5月13日，该舰从大连造船厂码头启航，赴相关海域执行海上试验任务，并于2018年5月18日圆满完成首次海上试验任务。2019年12月17日，该舰在海南三亚的军港交付海军。经中央军委批准，我国第一艘国产航母命名为中国人民解放军海军“山东舰”，舷号为“17”。

◎最新“福建舰”

2022年6月17日，我国第三艘航空母舰举行了下水命名仪式，这是继“辽宁舰”“山东舰”之后的“福建舰”，舷号为“18”。

“福建舰”是中国完全自主设计建造的首艘弹射型航空母舰，采用平直通长飞行甲板，配置电磁弹射和阻拦装置，满载排水量8万余吨，比上一代航母“山东舰”高了2万吨。美国《外交家》杂志编辑罗伯特·法利认为，“福建舰”将成为“有史以来在美国以外建造的最大、最先进的航空母舰”。

潜水器：海中的探险者

潜水器又称深潜器、可潜器，可以潜入几千米深的海下，执行水下的打捞、探测和开发等任务，是海洋研究的重要工具。

◎寻找沉船

在一些探险类的电影中，主人公们会在海底发现沉没已久的轮船，在其中发现珍贵的宝藏，当然，也可能会遇到巨大的危机。500多年前，人们就热衷于利用潜水器在沉船中寻宝。早期的潜水器是没有动力的，人们利用水袋或者重物使其下潜，使用绳索将潜水器与水面上的船相连，再通过绳索让潜水器回到船上。随着设备的日趋先进，许多沉睡已久的宝藏陆续与世人见面。

1985年，美国海洋学家罗伯特·巴拉德乘坐“阿尔文”号潜水器发现了一处游轮残骸，就是著名的“泰坦尼克”号。2018年10月，考古学家利用无人潜水器，在黑海发现了一艘在海底沉睡了2400年之久的几乎完好无损的沉船，这也是迄今为止发现的世界上最古老的完整沉船。

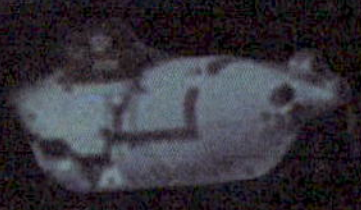

◎潜水原理

潜水艇也可以潜入水下，但是潜水器和潜水艇的原理不尽相同。潜水艇的内部拥有水舱，舱门打开后，水进入舱内，潜水艇的质量就会增大，下潜到水底。当需要上升的时候，往水舱中注入空气，利用气压将水排出，潜水艇就会浮上水面。

潜水器下潜的工具是压载铁。潜水器在下水之前，科学家们会设定一个下潜深度，工作人员计算出下潜深度的海水密度，从而判断潜水器需要带上多少压载铁。下潜到指定深度的时候，潜水员就会扔掉部分压载铁。

另外，潜水器上还带有升降用的螺旋桨，螺旋桨向下推水，这样就产生了向上的力，与重力抵消，潜水器就可以稳稳地停在海中。海下作业完成之后，将所有的压载铁都扔掉，潜水器就会升至水面。

◎载人潜水器

潜水器具有海底采样、水中观察测定，以及拍摄录像、照相、打捞等功用，广泛应用于海洋基础学科的研究和海洋资源的调查、开发，海下旅游等领域。潜水器分为载人潜水器和无人潜水器两大类。

1928年，美国人奥蒂斯·巴顿发明并建造了第一艘球形深海探测装置。1930年，巴顿和另一名博物学家威廉·彼博一起乘坐这艘球形装置下潜到距海面245米的深度；1932年，他们又下潜到了923米的深度。1945年，瑞士探险家奥古斯特·皮卡德发明了深海潜水器“弗恩斯三”号，后来他又改进建造了第二艘潜水器，命名为“迪里亚斯特”号。1960年，皮卡德的儿子雅科斯和美国海军上尉唐·沃尔什搭乘“迪里亚斯特”号下潜到马里亚纳海沟10916多米的深处，创造了新的奇迹。

◎水下机器人

无人遥控潜水器又被称为“水下机器人”。20世纪70年代中期开始，水下机器人技术迅速发展。1995年，日本研制的“海沟”号水下机器人成功地探测了马里亚纳海沟，水深为10911.4米。2009年5月31日，美国伍兹霍尔海洋研究所研制的“海神”号机

器人潜艇成功下潜到约11000米的深海中，创造了新的深潜世界纪录。

我国自主研制的“海龙”号无人遥控潜水器，已用于3500米以下大洋海底调查、水下取样、检测维修以及海上救助打捞等水下遥控作业，是目前我国下潜深度最大、功能最强的无人遥控潜水器。

相较于载人潜水器，水下机器人可以在危险环境、受污染水域和能见度较低的深海区执行任务。它们不需要呼吸，因而能够长时间作业。但是海底信号较差，海水的流动情况又时常变化，操作精度还有待提升。

◎“蛟龙”号载人潜水器

海底的压力巨大，深海的鱼类在上浮过程中就因压力的变化而死亡。潜水器必须能够承受海下的巨大压力，这对于材料、结构的要求极高，尤其是载人深潜作业技术，全世界只有美、法、俄、日、中五个国家掌握。深潜器是海洋开发和海洋技术发展的最前沿和制高点之一，拥有自主核心技术的深海装备更是国家综合科技实力的象征。

“蛟龙”号是第一艘由我国科研人员自主研究设计的载人潜水器，2012年6月，“蛟龙”号在马里亚纳海沟完成了下潜7062米的任务。

“蛟龙”号搭载自动航行系统，潜水员可以摆脱驾驶的任务，专心进行观察和实验。“蛟龙”号装有4个螺旋桨，两条机械臂在工作的时候也会来回摆动，但它拥有极佳的悬停技术，即使是在海底暗流涌动的情况下，依然可以岿然不动。世界上其他国家的潜水器都没有如此好的稳定性。

海上钻井平台：海洋开发基地

海上钻井平台是用于钻探井的海上建筑物。平台上装有钻井、动力、通信、导航等设备，以及安全救生和生活设施，是海上油气勘探开发不可缺少的设备。

◎发现石油

人类发现石油和天然气能源，已经有几千年的历史。早在公元前10世纪，古埃及、古巴比伦和古印度等文明古国就开始采集天然沥青（石油的一种转化物），用于建筑、防腐、黏合、装饰、制药。公元前3世纪，我国四川地区已经开始利用天然气熬制食盐了。

起初，人类只是利用自然溢出的石油和天然气，到了18世纪时，法国、俄国、缅甸等国家开始用钻井的办法开采石油。当时钻井的方式很原始，主要靠手工挖掘，采油的方式是让石油自然流出或者人工打捞，效率低下，无法扩大规模。

◎第一口油井

19世纪50年代，人们掌握了蒸馏技术，可以把原油提炼成煤油。煤油灯比起蜡烛要方便得多，一下子成了畅销商品。这个巨大的商机，商人们自然不会错过。

弗朗西斯·布鲁尔是一名医生，老家在美国宾西法尼亚州的泰特斯维尔村，村子里有个希巴德农场，是个天然的油矿。布鲁尔买下了这个农场，1854年，他同乔治·比斯尔等人成立了宾夕法尼亚岩石油公司，这是世界上第一家石油公司。

布鲁尔的生意并不顺利，几经周折，希巴德农场落入塞尼卡石油公司的手里。埃德温·德雷克是塞尼卡石油公司的一名股东，他决定在希巴德农场开凿更多的油井。德雷克买了一台6马力的蒸汽机，自己设计了机房和间架，又雇了位帮手，就这么开始钻井了。

钻井的进程非常缓慢，每天只能钻1米。20多天后，石油终于冒了出来。德雷克利用手动泵将原油抽出来，每天可以得到30桶石油，商人们闻讯纷纷前来购买。

这是世界上第一口用机器开凿，并用机器抽油的油井，被称作“德雷克井”，它揭开了石油工业的序幕。

◎到海上去钻井

石油逐渐成为现代社会最重要的资源，但随着陆上石油资源的逐渐减少，人们把目光投到了海上。1897年，工人们在美国加利福尼亚州的一片海滩上架起一座76.2米高的木架，把钻机放在上面打井，这是人类首次尝试海上钻井。

1936年，美国发现墨西哥湾的陆地油矿一直延伸到海中，于是他们成功打造了第一口海上油井，并建造了一个木质结构的生产平台，两年后的1938年，这里成为世界上第一个海洋油田。

第二次世界大战后，木质结构平台改为钢管架平台。1966年，英国和挪威共同开发了北海油田。它位于水下100米，附近环境恶劣，海浪高达30米。北海油田的开发标志着海上油田技术的成熟。

◎海上钻井平台

海上钻井平台分为两种——固定式和移动式。固定式钻井平台是一个从海底架起的庞然大物，上面铺设甲板，用来放置钻井的机械设备。固定式钻井平台最大的优点是稳定性好，但是一般只能在浅水区搭建，经济性也比较差。

移动式钻井平台可以上下活动，它有一个“沉垫”。沉垫就是平台中可以上下移动的地方。往沉垫的舱室中注水，平台就慢慢下降，到达海底后，即可进行钻井作业；将舱室中的水排出，沉垫就会浮起来。

◎ “蓝鲸”号

2017年2月，由我国自主研发制造的“蓝鲸1”号半潜式钻井平台在山东烟台交付使用。“蓝鲸1”号重达4.2万吨，甲板面积相当于一个足球场大小，从井底到钻井架顶端有37层楼高，适用于全球深海作业。与传统单钻塔平台相比，“蓝鲸1”号配置了高效的液压双钻塔和全球领先的西门子闭环动力系统，可提升30%作业效率，节省10%的燃料消耗。

半年后，“蓝鲸1”号的妹妹“蓝鲸2”号也交付使用，并于2020年3月，“在水深1225米的南海神狐海域顺利开展第二轮可燃冰试采任务。创造了“产气总量86.14万立方米，日均产气量2.87万立方米”两项新的世界纪录，攻克了深海浅软地层水平井钻采核心技术难题。

天文望远镜：破解宇宙奥秘的钥匙

科学家们使用天文望远镜来观测天体。至今为止，天文学界所有的成就都与天文望远镜的功劳密不可分。

◎小孩的发现

1608年的一天，荷兰的一家眼镜店门口，两个小孩玩着几块镜片。突然，他们兴奋地欢呼起来。店主汉斯·李波尔赛好奇地走过去，原来他们将两块镜片叠在一起，就可以看到远处教堂顶端的标识。李波尔赛深受启发，发明了望远镜。

望远镜一般由物镜和目镜两部分组成，物镜用来形成图像，目镜用来将图像放大。

◎探索太空的眼睛

天文望远镜是天体观测活动中最重要的工具，没有天文望远镜，就没有现代天文学。望远镜发明之后，天文学家伽利略就独自制作了世界上第一部天文望远镜，用来观测天体，有了重大的科学发现。两年后，天文学家开普勒对天文望远镜进行了改进，放大倍数有了显著提高，天文学从此进入了望远镜时代。

◎射电望远镜

利用光的折射或者反射原理制成的天文望远镜叫光学望远镜，除此之外，射电望远镜在天体观测领域也有着重要的作用。地球被大气层紧紧包裹，只有可见光和部分电磁波可以穿透大气层。能够穿透大气层的电磁波被称作射电波，射电望远镜就是用来观测射电波的望远镜。

1931年，在美国新泽西州的贝尔实验室，工程师卡尔·央斯基在研究无线电干扰信号时发现，每过24小时干扰信号就会达到最大值。他大胆猜想，这些是来自银河系的射电辐射。1937年，世界上第一部射电望远镜诞生，从此，天文学界开始利用射电来研究天体。

射电望远镜由天线和接收系统两部分组成。天线相当于光学望远镜里的物镜，收集宇宙中的电磁波，并将其放大；接收系统相当于目镜，它可以去除信号中的噪声，生成清晰的电波图。

◎中国天眼

1993年，国际无线电科学联盟大会在日本召开，科学家们提出，应该建造新一代射电望远镜，接收更多来自外太空的信息。我国已故天文学家南仁东曾参加了这次会议，他告诉同事："咱们也应该建一个。"

经过22年的努力，2016年9月25日，我国自主研制的500米口径球面射电望远镜（简称FAST）投入使用。FAST是我国自主知识产权、世界最大单口径、最灵敏的射电望远镜，它的综合性能是著名射电望远镜阿雷西博的10倍，被称为"中国天眼"。

中国天眼的单口径达500米，看上去就像一个大锅，但是它的强大远超我们的想象。科学家发现，宇宙中有些中子星会发射周期性的电波，这样的中子星被称为"脉冲星"。中国天眼是目前世界上最精准的脉冲星检测设备。截至2022年7月，中国天眼已发现660余颗新脉冲星。除了观测脉冲星，还有科学家认为，中国天眼是最有希望找到外星人的设备之一，如果银河系（直径约为15万光年）内存在外星人，他们就逃不过天眼的"目光"。

2022年6月，在"中国天眼"的帮助下，中国科研人员还发现了全球首例持续活跃的重复快速射电暴FRB 20190520B。这一发现对于更好理解快速射电暴这一宇宙神秘现象具有重要意义。

◎太空望远镜

位于地面上的望远镜，所接收到的光线总是会受到大气层的干扰，就像你在充满雾气的浴室中看东西一样。那么是不是把望远镜放到大气层之上就行了呢？

1946年，天文学家莱曼·斯必泽发表论文《在地球之外的天文观测优势》，文中指出，建造在太空里的天文观测台将会具备无与伦比的性能。1990年，美国发射了首台大型空间望远镜——哈勃空间望远镜，造价30亿美元，以著名天文学家爱德温·哈勃的名字命名。

哈勃空间望远镜是世界上最重要，也是观测成果最多的天文望远镜，发现了许多人类未知的宇宙奥秘。在它的帮助下，天文学家比较精准地推测出了宇宙的年龄为138亿年（误差不超过3%）。

2013年12月3日，天文学家利用哈勃太空望远镜在太阳系外发现5颗行星，它们的大气层中都有水存在的迹象。2016年3月4日，哈勃太空望远镜成功捕捉到了距离地球达134亿光年的GN-z11星系发出的微光，这是天文观测距离的最远纪录。2018年10月5日，哈勃太空望远镜由于回转仪故障暂停运转，进入“安全模式”。

2021年12月25日，作为哈勃空间望远镜继任者的詹姆斯·韦布空间望远镜发射升空，并于2022年7月正式开始工作。

暗物质与暗能量：神秘莫测的宇宙主体

暗物质与暗能量是宇宙的重要组成部分，但是它们现在还处于“隐身”状态，科学家们没有办法观测到它们。

◎物理学的乌云

19世纪时，英国的开尔文男爵曾说过这样一段话：“动力学理论断言热和光都是运动的方式，现在这种理论的优美性和清晰性被两朵乌云遮蔽得黯然失色了。”第一朵乌云是随着光的波动论开始出现的，第二朵乌云则是麦克斯韦-玻尔兹曼关于能量均分的学说，最后这两朵乌云分别导出了相对论和量子力学。

21世纪初期，物理学界也存在乌云，诺贝尔物理学奖获得者李政道教授曾多次指出：“暗物质是笼罩20世纪末和21世纪初现代物理学的最大乌云。”

◎无法解释

引力作用是宇宙中最普遍的相互作用，凡是有质量的物质，都会产生引力。星系的质量越大，引力也就越大。20世纪30年代以来，根据天文学家的观测，星系之间的引力要比它们质量能够产生的引力大得多。这令所有的科学家们都百思不得其解，用已有的物理学知识根本无法解释，因此科学界产生共识，宇宙中一定存在大量无法观测到的“暗物质”和“暗能量”。

以当今的技术水平，“暗物质”和“暗能量”是无法观测到的，因为光线无法将它们照亮，它们既不反光，也不发光，也不会挡住光。根据科学家们的推想，能够观测到的物质质量只占宇宙总质量的5%，而“暗物质”占25%，“暗能量”占70%。也就是说，“暗物质”和“暗能量”才是宇宙的主体。

◎初现端倪

2006年，美国天文学家利用钱德拉X射线望远镜对星系团1E0657-56进行观测，无意间观测到星系碰撞的过程。星系团碰撞威力之猛，使得暗物质与正常物质分开，因此发现了暗物质存在的直接证据。

既然没有办法观测到，那么如何研究暗物质和暗能量呢?最直接的方法是依靠引力观测。当物质的质量足够大的时候，产生的引力也是无与伦比的，太阳的引力可以使光线都发生弯曲。

虽然暗物质和暗能量无法对光产生反应，但是它们的引力可以影响到光线，通过对光线的观测，科学家们就可以间接地对暗物质和暗能量进行研究。

除此之外，聪明的科学家还发明了“上天”“入地”“对撞”三种方法来研究暗物质。

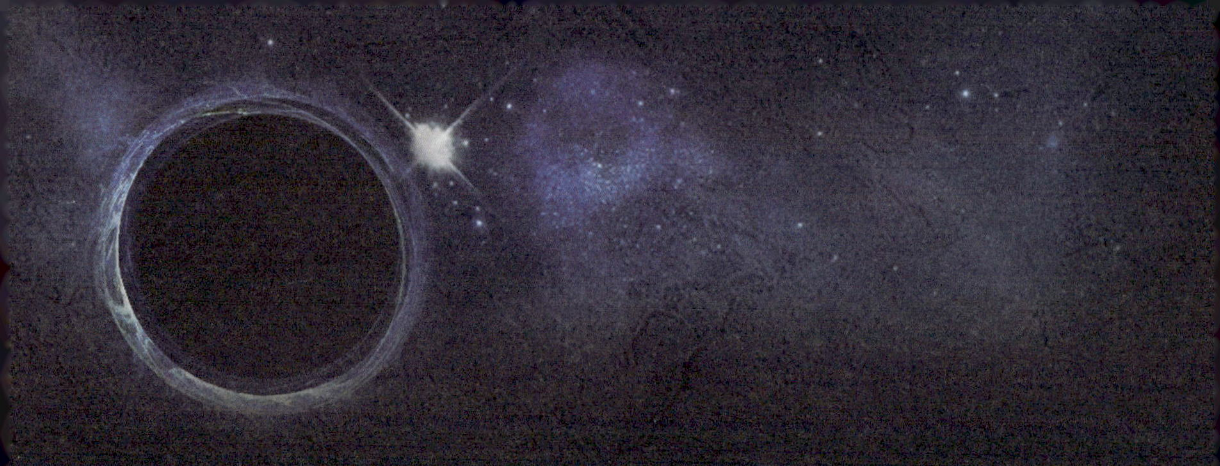

◎上天、入地、对撞

暗物质与暗能量虽然无法被观测，但是暗物质粒子在碰撞的过程中会产生一些能观测到的射线和粒子。因为这些物质无法穿过大气层，所以要向天空发射探测器。这是“上天”研究法。

宇宙中的暗物质与普通粒子会发生碰撞，但是碰撞的信号十分微弱。在地面上，时时刻刻会受到来自宇宙射线的干扰。于是，科学家们就把实验室搬到了地下，屏蔽宇宙射线。这是“入地”研究法。

暗物质在宇宙诞生初期就已经存在了。于是科学家利用大型粒子对撞机，让粒子高速相撞，以此来模拟宇宙起源的那次大爆炸，希望可以“撞”出暗物质。这是“对撞”研究法。

◎中国研究

2010年6月，位于四川雅砻江的“中国锦屏地下实验室”正式建成，垂直岩石覆盖达2400米。该实验室是世界上最优越的探测暗物质的科

研环境，它的建成标志着中国拥有了一流的、洁净的低辐射研究平台。

2015年12月17日，我国的首个暗物质粒子探测器——悟空，在酒泉卫星发射中心升空。悟空采用的正是“上天”研究法。2017年11月29日，英国《自然》杂志发布了我国“悟空”的最新观测成果。科学家们根据“悟空”的观测，绘制出了更加精确的电子宇宙射线能谱。通过对能谱的研究，科学家们推测：宇宙中很有可能存在一种粒子，能量大概是1.4TeV（1.4万亿电子伏特，能量是可见光的1万亿倍）。

2022年年初，中国科学技术大学彭新华教授研究组与德国科学家合作开发出一种新型超灵敏量子精密测量技术，并用于暗物质的实验直接搜寻，实验结果比先前国际最好水平提升至少5个数量级。

◎宇宙的黏合剂

宇宙诞生初期，暗物质就已经无处不在了，可以说，没有暗物质和暗能量就没有宇宙。假如没有暗物质和暗能量所提供的引力，星球和星系公转时就会被惯性甩飞，宇宙早就分崩离析了。暗物质和暗能量就像是黏合剂，将宇宙牢牢地结为一体。

宇宙探测器：探索空间的“勇士们”

空间探测器，又名“深空探测器”或“宇宙探测器”，它们是人类探索宇宙空间的主要工具，能够触及遥远的星域。

◎太空探险

探索宇宙，是人类千百年来的梦想。明朝初年，一个叫陶成道的人，制造火器的技艺非常高超，被朱元璋封为万户。在他晚年的时候，希望能够去天上看看。于是有一天，他手持两只风筝，坐在一辆绑着47支火箭的飞车上，命令仆人点燃火箭……结果可想而知。虽然他因此殒命，但是陶成道也成为有史以来尝试探索太空的第一人。

1961年4月12日，苏联宇航员加加林乘坐火箭进入太空。1969年7月21日，美国“阿波罗1号”宇宙飞船载着三名宇航员成功登上月球，美国宇航员尼尔·阿姆斯特朗成为世界上第一个踏上月球的人。

2003年10月15日，我国宇航员杨利伟乘坐“神州五号”宇宙飞船进入太空，是我国进入太空的第一人。

◎空间探测器

人类因为自身条件的限制，无法在宇宙中进行长时间的活动。宇航员进入太空主要是在空间站内活动，而探索空间和星球的任务就得交给它的好帮手——空间探测器来进行。

有的空间探测器从行星旁飞过，近距离观测行星；有的则成为行星的人造卫星，环绕行星飞行，长时间地观测行星；还有的会在星球上着陆，进行实地考察。

◎飞行探测器

飞行探测器一旦进入太空，就会不知疲倦地飞行，使用搭载的摄像机、雷达以及电波接收装置记录它“看到”的一切。1977年8月20日，美国宇航局发射了“旅行者2号”探测器，9月5日，它的姐姐“旅行者1号”也进入太空。姐妹俩沿着不同的轨道出发，开始了探索太阳系外围行星的任务。

“旅行者1号”探测了木星和土星，而妹妹“旅行者2号”更是了不起，探测木星、土星、天王星和海王星四颗行星。它们拍摄了大量珍贵的图片，传回5亿多组数据。不仅如此，“旅行者”们还携带了一张镀金铜板唱片，唱片内刻有长达90分钟的各国名曲，其中也含中国的《高山流水》，以此向未知的地外文明问好。

◎月球车

月球车可以在月球表面循环行驶，是一种可以完成探测、考察和收集月球表面样本的专用车辆。1970年11月17日，苏联将世界上第一辆月球车——“月球车”1号送上了月球。

2013年12月2日，我国“嫦娥三号”探测器在西昌卫星发射中心发射成功。两周后，“嫦娥三号”将“玉兔”号月球车送上了月球表面。“玉兔”号长1.5米、宽1米、高1.1米，形态和小白兔比较相似。“玉兔”号身披耀眼的“黄金甲”，可以抵挡各种宇宙粒子的辐射，从而很好地保护她体内珍贵的探测仪器。

月球的重力只有地球的六分之一，表面土壤松软，而且凹凸不平，布满了石块和陨石坑。为了克服环境的劣势，“玉兔”号带有全景相机，可以有效地观察周围环境，选择最佳路线。“玉兔”号在月球C1陨石坑周边进行了114米的地质测试，取得了丰富的月球地质资料。其雷达还探测到月球表面下140米内和10米内的浅层结构，并发现了一种新的形成于30亿年之前的岩石，含有钛元素，是一种玄武石。

2016年7月31日晚，“玉兔”号月球车超额完成任务，停止工作，进

入了长时间的休眠状态。玉兔号一共在月球上工作了972天，是中国在月球上留下的第一个足迹，意义深远。

◎火星车

登上月球之后，人类将目光投向了更遥远的火星。1997年7月4日，美国的“索杰纳”火星车登陆火星表面，它是一个有6个轮子的机器人，和一个微波炉差不多大小。2003年，美国宇航局再次向火星上发射了一对“双胞胎”火星车——“勇气”号和“机遇”号。2004年年初，这对双胞胎兄弟从相反的方向登上了火星，最终都发现了火星上曾经存在水的证据。2020年7月30日美国“毅力”号火星车升空，2021年2月抵达火星。“毅力”号首次拍摄到特殊的冰云折射阳光形成的光学现象——22度晕，这是人类探测器第一次在地球以外的地方观测到这种现象。

2020年7月23日，长征五号遥四运载火箭托举着中国首次火星探测任务“天问一号”探测器，在文昌航天发射场点火升空。2021年4月24日，在2021中国航天日开幕启动仪式上，宣布中国首辆火星车名为“祝融号”。截至2022年5月5日，“祝融号”火星车已在火星表面工作347个火星日（1个火星日约等于1.02个地球日），累计行驶1921米，运行正常。中国有关火星的探索将继续深入下去。

太空实验：来自宇宙的秘密研究

空间站又称太空站、航天站，长期运行于近地轨道上，宇航员可以在其中生活、观测宇宙和进行科学实验。

◎一百多年的设想

1869年，美国作家埃弗雷特·希尔为《大西洋月刊》撰写了一篇文章，文章中设想了在太空中用砖块搭建一颗新的月球。这是人类最早关于空间站的预想。

◎宇宙中的实验室

1971年4月19日，苏联发射了世界上第一座空间站“礼炮1号”。“礼炮1号”由三部分组成——轨道舱、服务舱和对接舱。它运行在200多千米高的轨道上，站内装有各种试验设备、摄影设备和科学实验仪器。

“礼炮1号”的寿命并不长，半年后，它就坠毁在了太平洋上。1986年2月，苏联的“和平”号空间站升空，这是首个可以长期驻留太空的空间站。“和平”号空间站一共服役了15年，先后有12个国家的100多名宇航员登上了“和平”号，“和平”号是国际交流合作的重要场所。

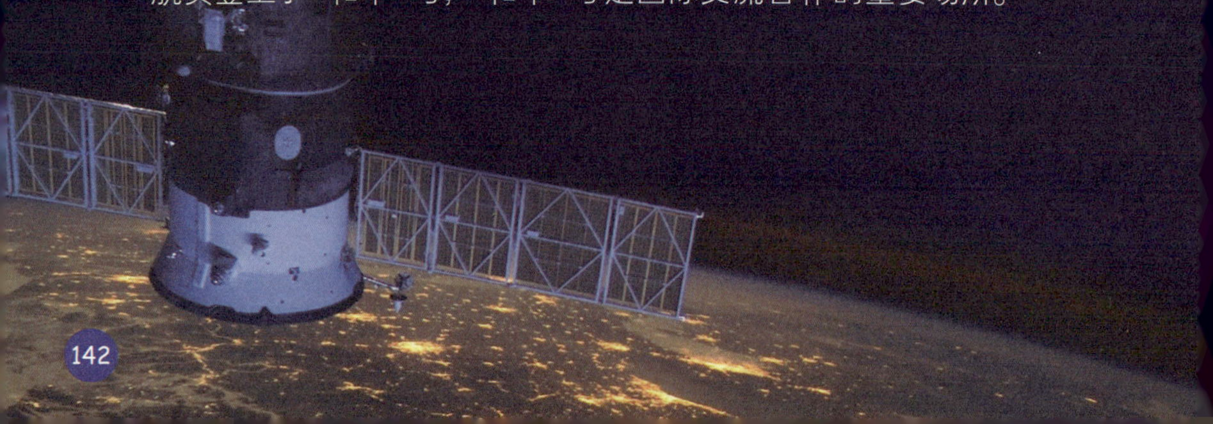

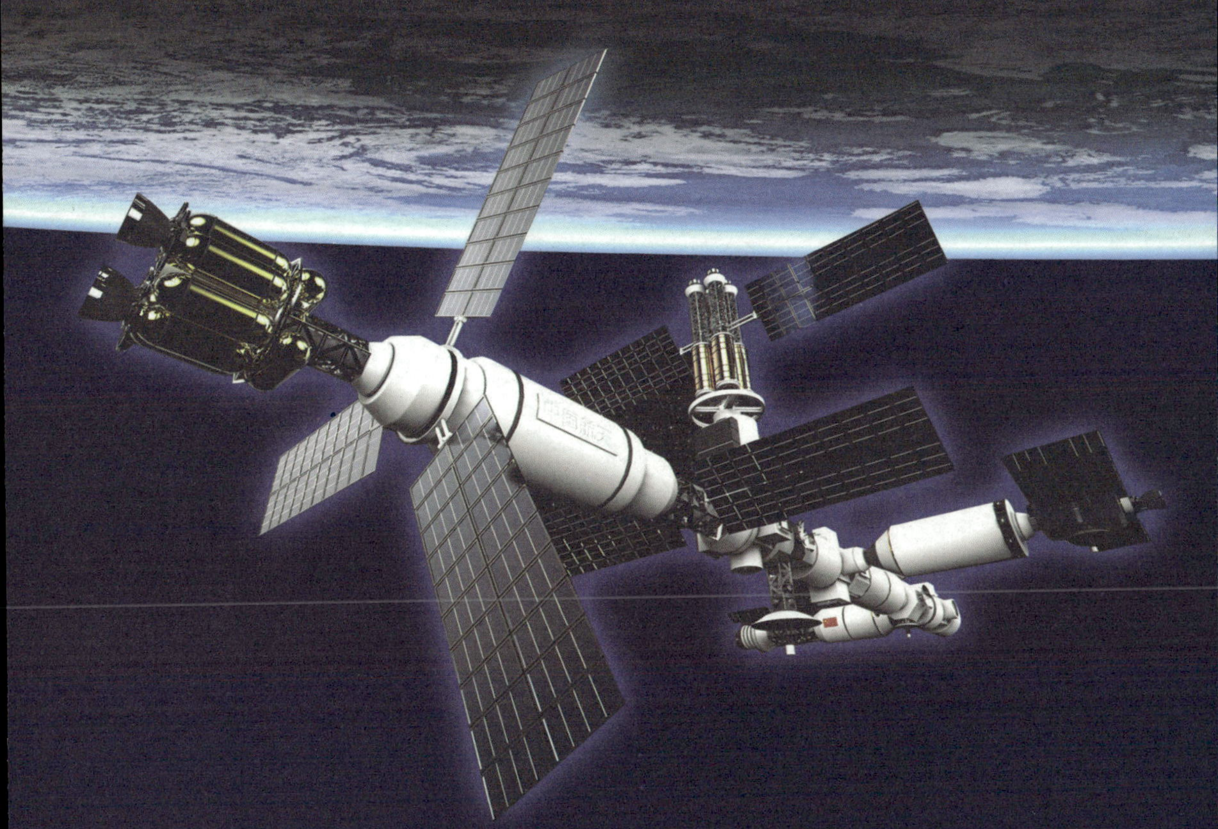

◎国际空间站

国际空间站项目由16个国家合作建造、运行和使用，主要由美国国家航空航天局、俄罗斯联邦航天局、欧洲航天局、日本宇宙航空研究开发机构、加拿大国家航天局共同运营。

1983年，美国总统里根提出在国际合作的基础上建造世界上最大的载人空间站。国际空间站于1993年完成设计，1994年开始建造。

国际空间站是在太空中组装而成的，长110米、宽88米，相当于一个足球场的大小。其总质量达400吨，内部空间有1200立方米，是有史以来规模最大、最先进的人类太空中心。

国际空间站的主要功能是进行轨道对地观测和天文观测，开发太空资源，进行科学研究。国际空间站的“地理位置”绝佳，一旦地球上发生了地震、火山和海啸等自然灾害，空间站的宇航员可以获得最佳的观测效果。在空间站里，科学家可以直接捕获宇宙的射线和粒子，而且太空失重、真空以及辐射多的环境，是进行研究的最佳天然实验室。

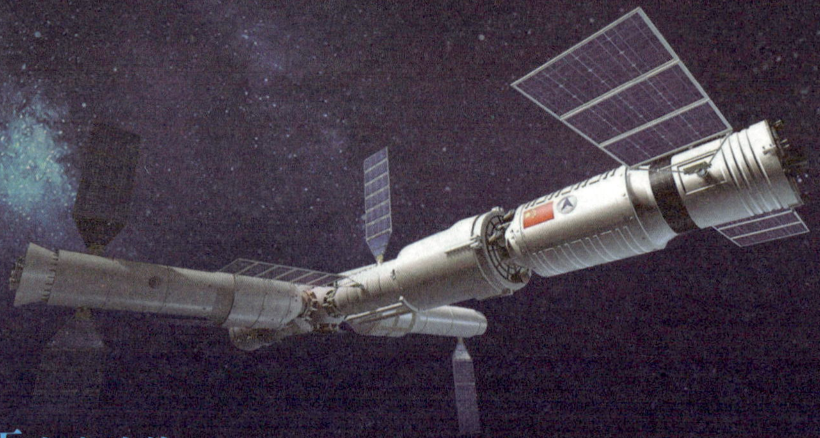

◎天宫实验舱

国际空间站计划在筹备的时候，美国人因为空间站内的设备有军事用途，所以拒绝邀请我国参与空间站计划。不过，经过多年的自主研究，我国已经具备了独立建造空间站的能力。

2011年9月，长征二号FT1运载火箭在酒泉卫星发射中心成功发射，它把“天宫一号”送上了太空。“天宫一号”是我国空间实验室的实验版，主要进行一系列的验证任务。2016年9月15日，中国“天宫二号”发射成功。“天宫二号”是空间实验室阶段任务的主要飞行器之一，先后与神舟十一号、天舟一号进行对接，宇航员们在“天宫二号”上进行了一系列重要实验，这些实验代表着我国前沿科技和战略技术的发展方向，这是中国第一个真正意义上的太空实验室。“天宫二号”于2019年7月19日受控离轨并再入大气层，落入南太平洋预定安全海域。

◎中国空间站

2021年4月29日，长征五号B遥二运载火箭搭载空间站天和核心舱，在海南文昌航天发射场发射升空。5月18日，天和核心舱完成在轨测试验证。5月29日，天舟二号货运飞船在海南文昌发射场成功发射，空间站天和核心舱将迎来第一位“访客”。

2021年6月17日，搭载神舟十二号载人飞船的长征二号F遥十二运载火箭，在酒泉卫星发射中心点火发射，顺利将聂海胜、刘伯明、汤洪波三名航天员送入太空。三名航天员先后进入天和核心舱，标志着中国人首次进入自己的空间站。三名宇航员在太空工作、生活90天后返回地球。

2021年10月16日，搭载神舟十三号载人飞船的长征二号F遥十三运载火箭顺利升空，将翟志刚、王亚平、叶光富三名航天员送入太空，中国空间站开启有人长期驻留时代。神舟十三号航天员乘组在空间站工作生活了183天，又一次刷新了中国航天员单次飞行任务太空驻留时间的纪录。

2022年6月16日，神舟十四号乘组陈冬、刘洋、蔡旭哲三名航天员顺利进驻天和核心舱。7月24日，搭载问天实验舱的长征五号B遥三运载火箭升空，7月25日，神舟十四号航天员乘组成功开启问天实验舱舱门，顺利进入问天实验舱。这是中国航天员首次在轨进入科学实验舱。

2022年10月31日，搭载梦天实验舱的长征五号B遥四运载火箭，在文昌航天发射场点火发射升空。11月3日，中国空间站天和核心舱、问天实验舱与梦天实验舱相拥，形成“T”字基本构型，标志着中国空间站“T”字基本构型在轨组装完成，向着建成空间站的目标迈出了关键一步。

2022年11月29日，由费俊龙、邓清明和张陆组成的神舟15号航天员乘组顺利升空，于11月30日进入中国空间站，与神舟十四号航天员乘组首次实现“太空会师”。

中国脚步：科技进步引领新发展

重大科技成果孕育着未来经济发展所必需的新知识、新要素和新动力，中国科技的不断进步将有助于我国加快向创新型国家迈进。

◎南极科考

2018年2月7日，我国南极科考第五站在南极罗斯海恩克斯堡岛定址奠基。此前，我国在南极仅有长城站、中山站、昆仑站和泰山站四座科考站。中国第五座南极科考站将是一座常年科考站，可独立支持开展陆地、海洋、大气、冰川等多学科综合科学考察。

◎疏浚、救灾利器

2018年6月12日，我国自主设计建造的亚洲最大的自航绞吸挖泥船“天鲲”号，成功完成四天的海上航行。首次试航成功，标志着“天鲲”号向着成为真正的疏浚利器迈出了关键一步。

2018年10月20日，我国首款大型水陆两栖飞机“鲲龙”AG600实现水上成功首飞。AG600可用于大型灭火和水上救援等，填补了我国大型水陆两栖飞机的研制空白。

◎最长跨海大桥

2018年10月24日，港珠澳大桥通车，通车后，珠海、澳门同香港间的车程将由3小时缩短至半小时。港珠澳大桥总长55千米，被誉为世界桥梁建设史上的“王冠”，英国《卫报》更是称它为“现代世界七大奇迹之一”。作为世界级超级工程，港珠澳大桥实现了“六个最”：总体跨度最长、钢结构桥体最长、海底沉管隧道最长、在世界公路建设史上技术最复杂、施工难度最大、工程规模最庞大。

◎探索月球

2019年1月3日上午10时26分，“嫦娥四号”探测器成功着陆在月球背面东经177.6°、南纬45.5°附近的预选着陆区，并通过“鹊桥”中继星传回了世界上第一张近距离拍摄的月背影像图，从而揭开了月球背面的神秘面纱。此次任务实现了人类探测器首次月球背面软着陆、首次月球背面与地球的中继通信，开启了月球探测的新篇章。

2022年9月9日，中国在嫦娥五号月球样品研究方面取得又一重大科学成果：中国科学家首次在月球上发现新矿物，并将其命名为“嫦娥石”。这是我国发现的首个月球新矿物，也是人类发现的第六个月球新矿物。它的发现使我国成为世界第三个发现月球新矿物的国家。

◎中国古人的秘密

2020年5月，美国《科学》杂志发表了中国科学院古脊椎动物与古人类研究所付巧妹团队的研究论文，文中研究人员利用古代DNA测序，揭开了有关中国南北方史前人群格局及迁移与混合这一重大学术问题上的若干谜团，是一项有关中国、东亚古人群遗传特点、基因交流与迁徙融合的重要科学发现和研究成果。

◎深海探底

2020年11月10日，“奋斗者”号全海深载人潜水器成功坐底马里亚纳海沟，下潜深度达到10909米，再创中国载人深潜的新纪录；三天以后，“奋斗者”号再度实现万米深潜，并与“沧海”号联合作业，实现了人类历史上首次万米洋底直播。“奋斗者”号研制及海试的成功，标志着我国具有了进入世界海洋最深处开展科学探索和研究的能力，体现了我国在海洋高技术领域的综合实力。

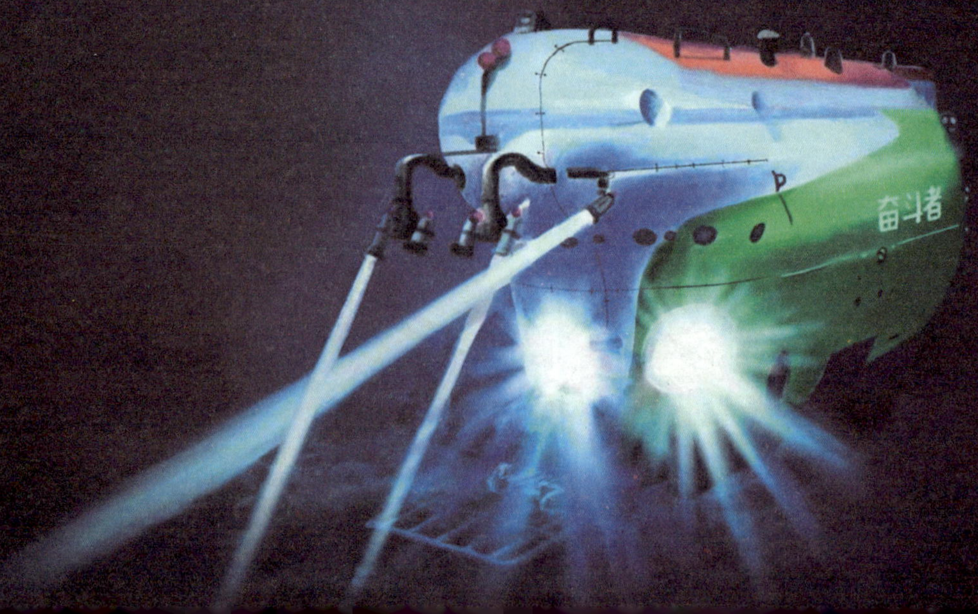

◎二氧化碳“变”葡萄糖和脂肪酸

2022年4月，我国科研人员通过电催化结合生物合成的方式，成功将二氧化碳和水高效合成高纯度乙酸，并进一步利用微生物合成葡萄糖和脂肪酸（油脂）。该研究为人工和半人工合成“粮食”提供了新技术。

◎稳态强磁场

2022年8月，国家重大科技基础设施“稳态强磁场实验装置”再攀科技高峰，创造出场强45.22万高斯的稳态强磁场，刷新了同类型磁体保持了近23年的世界纪录，成为目前全球范围内可支持科学研究的最高稳态磁场。

◎奔向太阳

除了探月和探火，随着我国首颗太阳探测科学技术试验卫星“羲和号”于2021年10月发射成功，中国正式迈入了“探日时代”。2022年8月，“羲和号”探日成果正式发布，创下五个国际首次，包括国际首次空间太阳Hα（氢阿尔法）波段光谱扫描成像、国际首台原子鉴频太阳测速导航仪在轨验证等。

2022年10月，我国首颗综合性太阳探测专用卫星“夸父一号”顺利升空。这颗卫星以观测和研究太阳磁场、太阳耀斑和日冕物质抛射的起源及三者之间可能存在的因果关系为目标，将与“羲和号”一起，共同提升我国在世界太阳物理研究领域的国际影响力。

这些都是真的吗？

宇宙中最冷的地方在地球上。

大多数人的印象中，外太空一片黑暗，有些星球甚至照不到阳光，一定比地球阴冷得多。但是外太空并没有“实验室”这个场所，在实验室中，科学家可以制造最低的温度——零下273.15摄氏度，也就是“绝对零度”。

这是真的。

发明罐头之后，为了方便开启，开罐器也很快被发明了出来。

这是假的。

1795年，拿破仑为了行军方便，悬赏能长期保存食物的办法。因此，罐头就被发明了出来。一开始是用玻璃罐装的，很快出现了金属罐。但是直到50年之后的1858年，开罐器才被发明出来。

马力就是一匹马的力量。

物理学上的一马力指的是一秒钟内把一个质量为75千克的物体提升1米所做的功，单位是匹。自古以来，人类就使用马来干活，在蒸汽机被发明之后，人们为了直观地说明机械的能力，就说这台机器相当于“多少匹马的力量”。

这是真的。

这是真的。

重金属不是地球的产物，它们来自外星。

地球环境无法生成密度较大的物质，于是，“重金属来源于超新星爆炸”这一理论逐渐被科学界认可。因为只有恒星内部的高压和高温环境，才有可能生成重金属。金、铂等日常装饰金属来源于中子星对撞，所以其实很多人身上都戴着“宇宙碎片”。

这是假的。

衣服产生的静电只会让人手发麻，电压很低。

在室内较干燥的情况下，脱毛衣产生的静电最高电压可达2800伏，而尼龙布料的静电电压会高达10000伏！但是只有在电荷转移的时候形成电流，才会伤害人体，而静电是没有电流的。

GPS（全球定位系统）应用了相对论。

根据爱因斯坦的相对论，速度越快的物体，时间流速（相对于地球时间）就会越慢。导航卫星的速度是14000千米每小时，时间会比地球慢一点，所以要使用特殊的算法进行修正。

这是真的。

什么是海水盐度？

海水盐度是指海水中溶解物质量与海水质量的比值。几十亿年来，大量的化学物质溶解并贮存于海洋中。如果把全部海水都蒸发干，剩余的盐将会覆盖整个地球达70米厚。

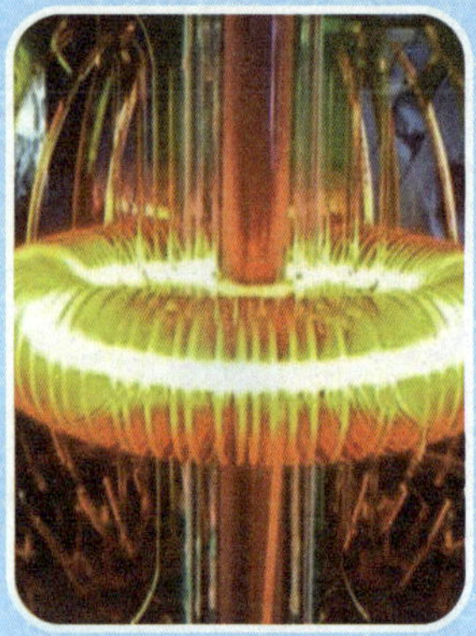

我国的“人造太阳”是什么原理？

2017年7月5日，中国“人造太阳”稳定运行了101秒，创造了世界纪录。这是我国第四代核聚变实验装置，让海水中大量存在的氘和氚在高温条件下，像太阳一样发生核聚变，并实现可控制。

我国第一颗量子卫星是以哪位古代思想家命名的？

墨子。“墨子号”量子科学实验卫星于2016年8月16日发射，2017年1月18日投入使用。这是世界上第一颗量子卫星，它将形成一个无懈可击的信息网络，保证国家和个人的信息安全。

世界上首条高寒高铁是哪条铁路线?

于2012年建成的哈尔滨至大连高速铁路(简称“哈大高铁”),是世界首条高寒高铁。10年来,哈大高铁累计运行里程达67117万千米,累计运送旅客突破6.7亿人次。为脱贫攻坚、乡村振兴,以及推动东北老工业基地振兴做出了贡献。

为什么计算机使用的是二进制?

计算机运算时使用的数字只有两个:0和1。因为计算机的动力是电。“0”代表电路不通,“1”代表电路通畅;或者“0”代表低电位,“1”代表高电位。以现在的技术水平很容易实现,而且稳定性高。

交流电是谁发明的?

法拉第。1831年10月17日,英国物理学家迈克尔·法拉第发现了电磁感应现象,即电与磁在一定条件下可以相互转化,并制造了第一台发电机,引起了生产力的巨大飞跃。